파이팅혼공TV  유튜브 영상 하나로 끝내는

지게차

운전기능사 필기

기출 스피드 문답앞기 300제 포함

최근 글로벌 팬데믹 이후 생활 양식의 변화와 새벽 배송 등 인터넷상거래 및 스마트 물류 택배 시스템의 발달로, 관련 산업의 기술 인력에 대한 수요가 폭발적으로 증가하고 있습니다. 이에 따라 최근 기업에서 가장 선호하는 범용 자격증으로 지게차 기능사 자격증에 대한 관심도 크게 증가하고 있는데요. 본 교재는 매 시험 꾸준히 수많은 합격자를 배출하고 있는 파이팅혼공TV의 검증된 유튜브 무료 강의와 더불어 지게차 기능사 필기시험을 효율적으로 합격할 수 있는 방법을 전해드립니다. 심지어 지게차 실물을 한 번도 보지 않은 분께서도 교재에서 제시하는 대로만 학습하신다면 별로 힘들이지 않고 합격하실 수 있도록 구성하였습니다.

파이팅혼공TV와 함께
『합격의 지름길을 찾아갑시다!』

유튜브 검색창에 〈지게차 필기〉 또는〈파이팅혼공TV〉를 입력하시면
바로 강의와 함께 공부하실 수 있습니다.

자격증 초단기 합격 전문 유튜브 채널 〈파이팅혼공TV〉는 기능사 상시시험인 지게차 기능사, 굴착기 기능사, 조리기능사, 제과제빵 기능사 필기를 비롯 전기기능사, 조경기능사 등 기능사 정기시험 종목들, 그리고 화물운송, 택시, 버스운송자격시험, 보트조종면허, 드론 조종면허에 이르기까지 다양한 자격증의 초단기 합격을 위한 몰입형 학습 컨텐츠 영상 제작에 집중하고 있습니다.

이론적 전문성 보다는 실기 기능에 중점을 둔 자격증의 경우 필기시험 준비를 위해 많은 시간과 돈을 들이는 것은 비효율적입니다. 하지만 이 정도쯤이야 하고 교재를 펼쳤다가 생각보다 전문적인 용어와 내용들에 깜짝 놀라시는 경우가 많습니다.

예전 기출문제에서 순환 출제되는 문제은행식 출제 유형의 시험에서는 이론을 순서대로 이해하며 공부해가는 연구자 모드 공부법보다 핵심내용을 암기팁을 활용하여 정답을 빠르게 찾아내는 쪽집게식 공부법이 효과적입니다. 파이팅혼공TV는 방대한 분량의 기출문제 데이터를 분석하여 출제가 예상되는 핵심내용만 엄선하여 재미있고 효과적인 공부가 될 수 있도록 끊임없이 연구하고 있습니다.

"선생님, 독해가 잘 안 돼요." 하고 고민하는 학생에게 독해 지문에 나오는 영어 단어를 물어보면 전혀 단어 암기가 되어있지 않은 경우가 대부분입니다. 독해가 되지 않는다면 일단 단어의 뜻부터 암기해야 하듯이 생소한 분야는 일단 용어의 뜻부터 암기해야 문제가 풀린다는 당연한 사실을 상기해 보면서 여러분을 초단기 합격의 길로 안내하겠습니다.

끝으로 본 교재가 나오기까지 애써주신 권희정 디자이너님과 홍현애 과장님, 그리고 인성재단 대표님께 진심으로 감사를 전합니다.

파이팅혼공TV PD 혼공 쌤

파이팅혼공TV 혼공쌤의 초단기 합격 Tip

❶ 생소한 명칭 키워드부터 파악하자.

▶ 어디에 붙어있는 물건인고? 평소에 접해보지 않은 건설기계의 생소한 용어와 부품의 용도, 원리를 먼저 간략히 이해합니다. 사실 어려워 보이는 전문용어도 단어의 뜻을 알고 보면 영어를 한글발음으로 옮겨 놓은 것에 불과한 쉬운 내용인 경우가 많습니다.

❷ 〈문제와 답〉 암기만으로도 고득점이 가능

▶ 기능사 시험은 응용력을 테스트하는 시험이 아닌 과년도 기출문제에서 그대로 출제되는 문제은행식 출제 방식으로 〈문제와 답〉 암기만으로도 고득점이 가능합니다.

❸ 답을 알아도 암기는 어렵죠?

▶ 유튜브 영상을 통해 몇 번만 들으면 저절로 암기되는 마성(?)의 암기팁이 대량 녹아있는 스피드 암기노트 시리즈로 배경지식이 전혀 없는 일반인도 초단기 합격이 가능합니다.

❹ 한 문장이 한 문제다.

▶ 철저히 기출되었던 문제 중심으로 집필하여 교재의 한 문장 한 문장이 한 문제와 직결되도록 핵심내용만 요약 정리하였습니다. 굵은 글씨와 색으로 강조된 키워드만 빠르게 여러 번 반복해서 읽어보시는 방법도 추천드립니다.

❺ 문제에 답이 미리 표시되어 있는 이유는?

▶ 우리의 뇌는 문제를 풀 때 내가 찍은 보기가 정답이 되어야 하는 로직(logic)를 만들어 머릿속에 각인시킵니다. 그래서 모르는 문제에 많은 시간을 할애하여 나만의 로직을 만들어 풀었는데 틀리게 되면, 한번 틀린 문제는 계속해서 틀리게 됩니다. 오답노트를 만들거나 정답지 문의 반복암기를 통해 머릿속에 남아 있는 먼저 입력된 로직을 깨부수지 않고는 쉽게 이러한 선입견이 사라지지 않습니다.

▶ 따라서 처음부터 무작정 문제형식으로 풀어보는 것 보다는 답이 표시되어 있는 문제와 답을 연결시켜 정답과 오답을 분리하여 이해하고 암기하는 것이 지게차 기능사 시험과 같은 문제의 풀(pool)이 제한되어 있는 문제은행식 시험에 적합한 초단기 합격 비결이라 생각합니다.

❻ 혼자서 책만보지 마세요.

▶ 유튜브 채널 〈파이팅혼공TV〉의 지게차 영상들을 교재와 같이 보시면 공부속도가 훨씬 빨라집니다. 하루에 4시간 정도만 투자하셔서 영상과 함께 공부하신다면 본 교재를 처음부터 끝까지 1회독하시는 효과가 있습니다. 넉넉잡아 3일 동안 4시간씩 투자하셔서 3회독 정도하신다면 100% 합격점수 이상 획득하시리라 확신합니다.

지게차 운전 기능사 응시방법

한국산업인력공단 큐넷 www.q-net.or.kr

지게차 기능사는 연간 4회씩 실시되는 정기기능사 시험과 달리 굴착기 기능사, 한식조리사, 미용기능사 등과 더불어 약 2주마다 시험이 실시되는 상시시험으로 시험에 한 번 떨어지더라도 곧바로 다시 신청하여 재도전할 수 있는 부담 없는 시험입니다. 하지만 시간은 돈! 가능하면 한방에 합격하는 게 좋겠죠? 연간 시험 일정을 살펴보시고 해당 필기 접수일 10시 큐넷 홈페이지에 접속하셔서 지게차 기능사를 선택, 응시 시간과 장소를 정하시고 응시료를 결제하시면 접수가 완료됩니다.

시험과목 및 활용 국가직무능력표준(NCS) 출제범위

과목명	활용 NCS 능력단위
지게차 주행 화물적재 운반 하역 안전관리	안전관리
	작업 전 점검
	화물적재 및 하역작업
	화물운반작업
	운전시야 확보
	도로주행
	작업 후 점검
	장비구조

목차 Contents

I

이론 정리

1. 작업장치

• 혼공 TIP! 각 부분의 명칭과 하는 일을 매칭시키십시오!

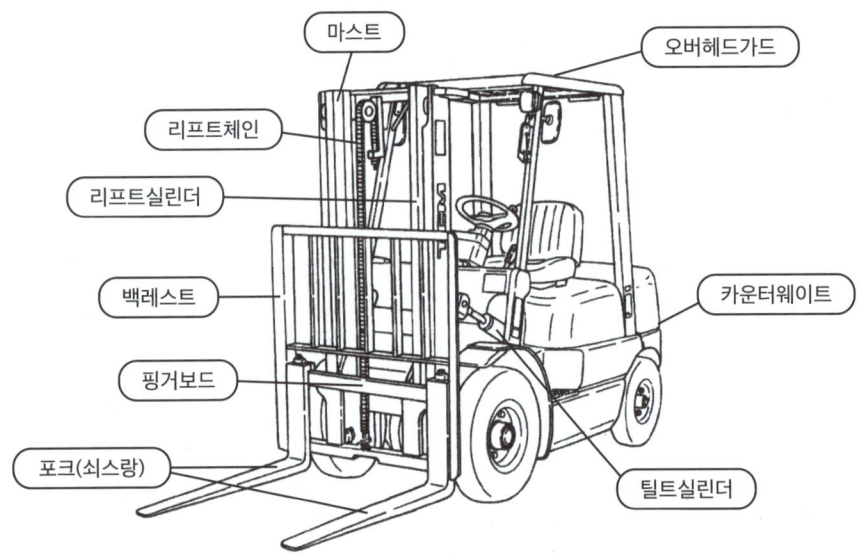

마스트
오버헤드가드
리프트체인
리프트실린더
백레스트
카운터웨이트
핑거보드
포크(쇠스랑)
틸트실린더

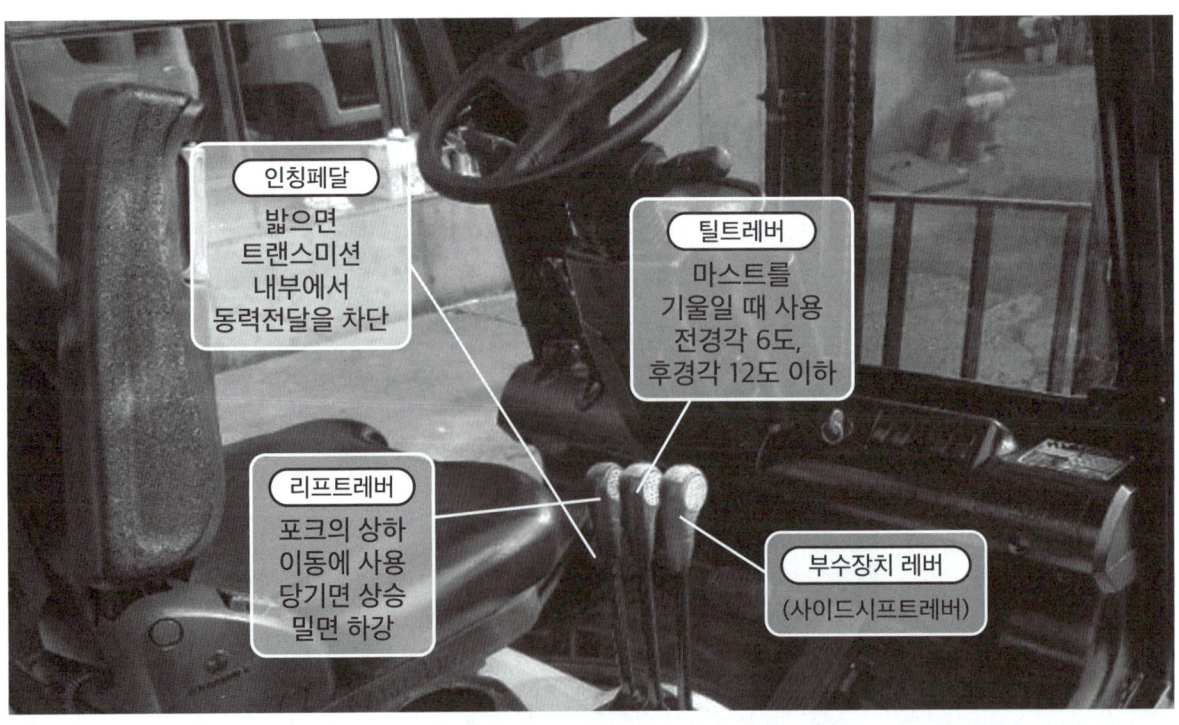

인칭페달
밟으면
트랜스미션
내부에서
동력전달을 차단

틸트레버
마스트를
기울일 때 사용
전경각 6도,
후경각 12도 이하

리프트레버
포크의 상하
이동에 사용
당기면 상승
밀면 하강

부수장치 레버
(사이드시프트레버)

▣ 지게차 작업 장치의 구조와 기능

- **마스트** : 리프트실린더, 틸트실린더, 핑거보드, 백레스트, 캐리어, 포크, 가이드롤러 등이 부착된 레일장치
- **리프트실린더** : **포크를 상승, 하강**시킨다.(유압유가 공급되면 상승)
  단동실린더로 상승 시에만 힘 필요, 하강 시에는 힘이 필요치 않다.
- **틸트실린더** : **마스트를 앞뒤로 경사**시킨다. **복동실린더로 상승, 하강 시 모두 힘이 필요하다.**
- **포크** : L자형 2개, 핑거보드에 체결, 간격조정가능
- **리프트체인** : 한 쪽이 늘어지면 좌우 포크 높이가 달라진다. 윤활을 위해 엔진오일을 주유한다.
- **백레스트** : 짐받이 틀. 화물의 후방(운전석쪽) 낙하를 방지한다.
- **핑거보드** : 백레스트에 지지되어 포크를 설치하는 수평판
- **카운터 웨이트** : 지게차의 엉덩이 부분. 작업 시 안전성 및 균형을 잡아준다.
- **리프트레버** : 운전자 쪽으로 당기면 (유압유가 공급되며) 포크 상승, 밀면 하강. 중립은 그 위치에 정지한다.
- **틸트레버** : 포크에서 화물이 떨어지는 것 방지하기 위해 마스트를 기울일 때 사용한다.
  당기면 마스트는 뒤로 기운다.(= 운전석 쪽으로 기운다)
  밀면 마스트는 앞으로 기운다.
- **부수장치레버** : 옵션으로 설치, 포크포지셔너레버(포크간 간격을 조정),
  사이드시프트레버(포크의 미세한 좌우 이동)
- 조종레버 순서는 **리**프트, **틸**트, **부**수장치레버 순서이다. `TIP!` **: 리틸부**
- 리프트실린더 작동회로에 사용되는 **플로우 레귤레이터(슬로우리턴) 밸브는 포크를 천천히 하강**하도록 돕는다.

▣ 용도별 지게차 종류

- **하이마스트** : 2단 마스트로 높은 위치에 쌓거나 내림
- **3단 마스트** : 3단 마스트로 높은 곳의 작업, 천장이 낮은 곳에 적합
- **프리리프트마스트** : 프리리프트 양이 아주 큼, 마스트 상승이 불가한 장소나 천장 낮은 곳에 적합
- **로테이팅포크** : 포크 360도 회전. 액체 용기를 붓거나 운반하는 작업에 적합
- **로테이팅클램프** : 원추형 화물을 조이거나 회전시켜 운반하는데 적합

- **힌지드버킷** : 힌지드포크에 버킷을 장착, 석탄, 소금, 비료, 모래 등 **흘러내리기 쉬운 물체** 운반에 적합

- **사이드클램프** : 솜, 양모, 펄프 등 가볍고 부피 큰 화물을 **좌우 클램프**로 용이하게 운반, 적재

- **드럼클램프** : 드럼통 운반, 적재에 적합

- **로드스테빌라이저** : **압착판으로 화물을 눌러주어 낙하를 방지**. 경사지나 거친 지면에 적합

- **포크 포지셔너(자동발)** : **포크 간격 조정장치** `TIP!` : **양하나편둘**

  양개식 : 레버 **1**개로 포크2개 동시에 움직임

  편개식 : 레버 **2**개로 포크2개 각각 움직임

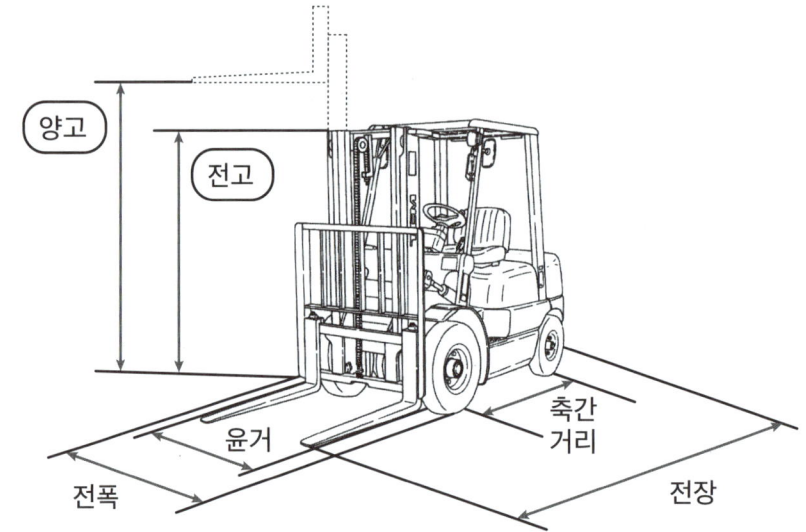

최대올림 높이(양고)

기준무부하상태에서 포크 가장 높이 올렸을 때 지면에서 쇠스랑 윗면까지 높이 **원칙적 3M**

최대들어올림용량

포크를 지면에서 3m 높이로 올렸을 때 하중중심 최대적재용량

지게차의 장비중량

연료, 냉각수, 그리스등이 모두 포함된 총 중량 운전자의 무게는 포함되지 않는다.

축간거리

축간거리가 크면 안정도는 상승하나 회전반경이 커지기 때문에 지장이 없는 한도에서 최소로 한다.

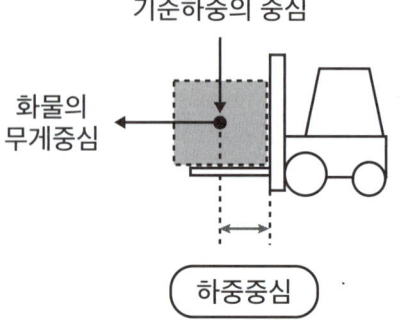

하중중심

지게차포크 수직면으로부터 포크위에 높인 화물의 무게중심까지의 거리

지게차 작업장치의 동력전달 기구는? `TIP!` : 체리틸

리프트**체**인, **리**프트실린더, **틸**트실린더

지게치의 선회

`TIP!` : 회퀴선차!

최소회전 반경 - 무부하상태에서 최대 조향각으로 서행 시, 바깥쪽 **바퀴** 접지중심이 그리는 원의 반경
최소선회 반경 - 무부하상태에서 최대 조향각으로 서행 시, **차체** 바깥부분이 그리는 궤적의 반경

지게차의 구동방식 [전륜구동, 후륜조향]

- 지게차의 **앞바퀴**는 직접 프레임에 설치되어 **구동력을 전달**하며, **뒷바퀴로 조향**한다.

지게차의 브레이크

- **유압식 브레이크** 원리는 **파스칼의 원리**
- **브레이크 페달**은 **지렛대의 원리**
- **제동장치의 마스터실린더 세척**은 **브레이크유**로 한다.

지게차 작업 시 주의 사항

- 포크상승 시, 마스트 틸팅 시 가속페달을 살짝 밟아주고, **하강 시에는 밟지 않는다.**
- 포크의 간격은 팔레트 및 컨테이너 폭의 **½ 이상 ¾ 이하** 유지
- 무거운 물건의 **중심 위치는 하부**에 둔다.
- 리프트레버 사용 시의 **시선은 포크를 주시한다.**
- 하역 시 **전후 안정도는 4%, 좌우 안정도는 6%**

- 마스트 전후 작동 **5~12%로 마스트작동** 시 **변동하중이 가산**된다.
- 체인의 한쪽이 늘어지면 포크가 한쪽으로 기우므로 **체인장력을 조정 후 락(lock)너트로 고정**한다.
- 마스트 틸트 시 갑자기 시동이 꺼질 경우 작업하던 그 상태로 유지해주는 밸브는?
  틸트락(lock) 밸브
- 기준부하 상태에서 포크 올렸을 때, 하강작업이나 **유압장치 고장으로 포크가 하강 시** 속도는 **초당 60cm(0.6m) 이하**여야한다.
- 지게차 유압유 온도 50도에서 최대하중을 싣고 엔진이 정지했을 때, 하중에 의해 지게차의 **포크가 하강하는 거리**는 **10분당 10cm 이하**여야 한다.
- 지게차에 현가장치(suspension) 스프링을 사용하지 않는 이유는 **롤링 시 적하물이 떨어질 우려**가 있기 때문이다.
- 축전지와 전동기를 동력원으로 이용하여 **매연 소음 없는 지게차는 전동식 지게차**
- 마스터 실린더의 **리턴구멍 막히면 제동이 잘 풀리지 않는다.**

2. 엔진(기관)

▣ 디젤기관의 원리

- 엔진 - 연료(경유)를 연소(열발생)시켜 동력(기계에너지)을 얻음.

> **열에너지를 기계적 에너지로 변환시켜주는 장치 = 기관(엔진)**
>
> **일정한 연료로 큰 출력을 얻는 것 = 열효율이 높다**

- 지게차 굴삭기 등 건설기계에 주로 쓰이는 **디젤기관**은 공기의 압축열을 이용한 **자연 압축착화 방식** (가솔린 기관은 전기점화방식)
- **디젤기관**은 **분사노즐(인젝터)**이 있고, **가솔린기관**에는 **점화플러그**가 있다.

▣ 4행정 사이클 순서

> **흡입 - 압축 - 동력(폭발) - 배기** `TIP!` **: 흡압똥배 ~ !**

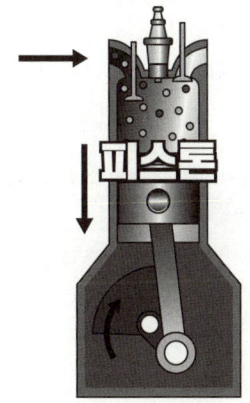
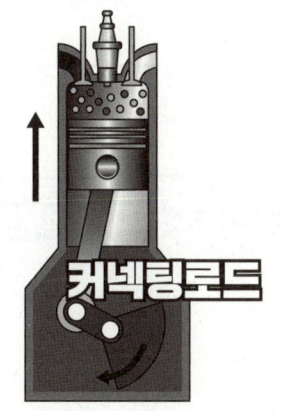
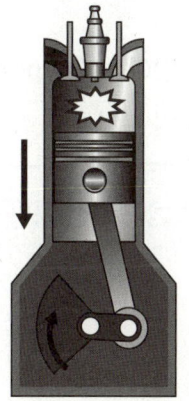
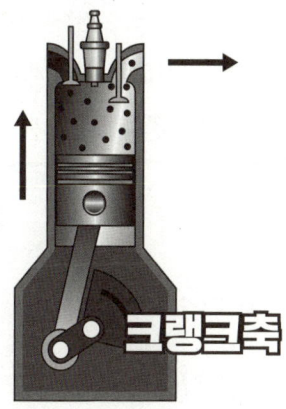

피스톤 / 커넥팅로드 / 크랭크축

1. Intake 2. Compression 3. Power 4. Exhaust

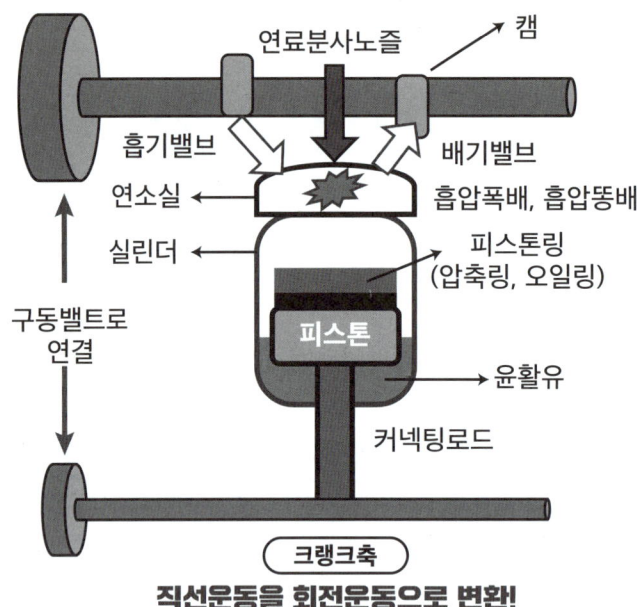

연료분사노즐   캠

흡기밸브

배기밸브

연소실

흡압폭배, 흡압똥배

실린더

피스톤링
(압축링, 오일링)

구동밸트로
연결

피스톤

윤활유

커넥팅로드

크랭크축

직선운동을 회전운동으로 변환!

- 기어 지름이 작은 **크랭크축이 2회전** 할 때 **캠축은 1회전** 한다.

  회전비 = 크랭크 2 : 캠 1

  기어지름(직경)비 = 크랭크 1 : 캠 2

- **압축행정** 시 기관의 밸브는 어떻게 되는가? **흡입밸브와 배기밸브 모두 닫힌다.**

- **압축행정 말기**에 **연료분사노즐에서 연료를 분사**하여 동력을 얻는 행정은? **폭발행정(동력행정)**

▣ RPM (Revolution Per Minute) 분당회전수

4행정 사이클 기관에서 **엔진(기관)이 2000rpm**이라는 말은 **크랭크축 회전이 분당 2000회**라는 뜻이다.
따라서 캠축회전수는 1000회이며 분사펌프 회전수도 1000회가 된다.

크랭크축 2회 회전 시 캠축 1회 회전 `TIP!` **: 크투캠원**

▣ 실린더

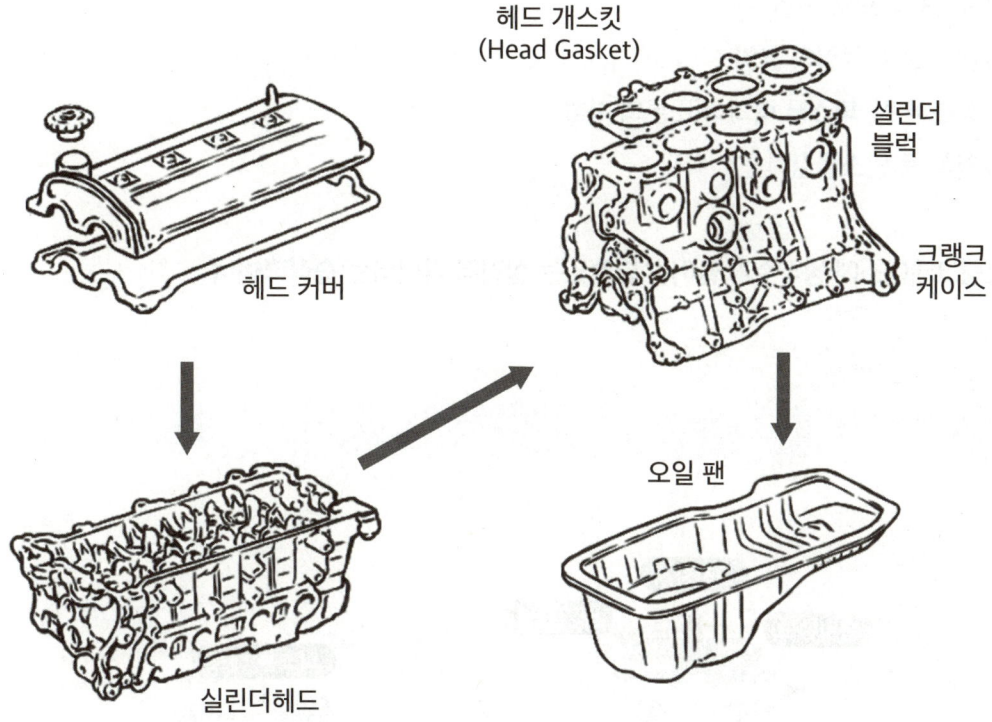

〈실린더 구성품〉

헤드 개스킷
(Head Gasket)

실린더
블럭

크랭크
케이스

헤드 커버

오일 팬

실린더헤드

실린더헤드 + 실린더개스킷 + 실린더블럭
(실린더, 크랭크케이스, 물재킷, 크랭크축지지부)

● **실린더 헤드 게스킷** : 냉각수, 압축가스, 오일등이 새지 않도록 밀봉 역할.
　　　　　　　　　　　손상 시 오일누설, 압력저하로 출력감소

● 실린더 마모가 제일 큰 부분은 연소실과 가까운 실린더 윗부분이다.

● 실린더에 마모가 생기면?
　① **압축효율**이 **저하**된다.
　② **엔진 출력**이 **저하**된다.
　③ **윤활유**가 **오염**된다.
　　But **조속기 작동불량**과는 상관없다.
　　(**조속기 : 분사량조절로 기관속도를 조절**하는 장치)

- **배기량이란?**

  각 실린더 **행정체적의 합**을 총 배기량이라 한다.

- **실린더벽 마모의 원인**

  ① 먼지 등 **이물질의 흡입**

  ② **피스톤 링, 피스톤 벽**과 피스톤의 **마찰**

  ③ **카본 등 연소물질**이 원인이다.

- **크랭크케이스에 냉각수가 들어갈 단점있는 실린더 라이너는 습식라이너**

▣ 피스톤

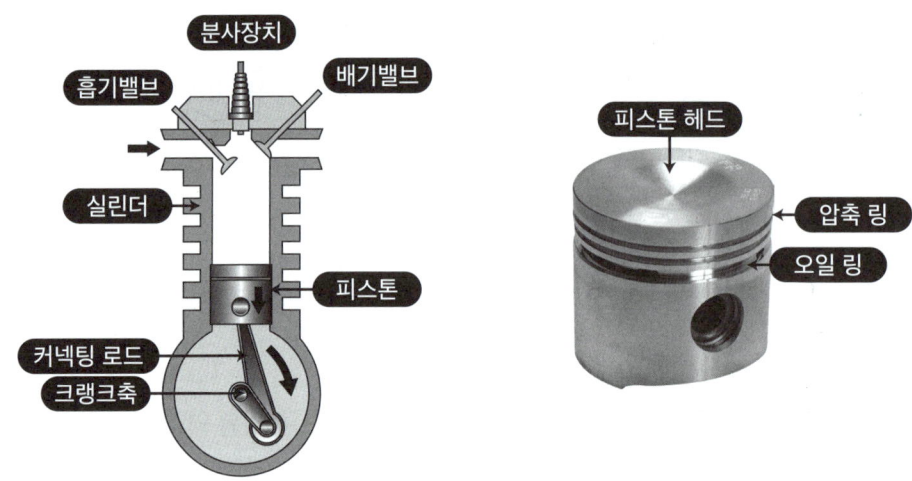

피스톤은 **압축링과 오일링**이 결합되어 있고 **커넥팅로드와 연결**되어 폭발행정 시 **왕복운동**을 통해 **크랭크 축을 회전**시킨다. 이후 배기-흡기-압축 행정에서는 다시 크랭크축으로부터 동력을 전달받아 작동한다.

- **피스톤 슬랩이란?**

  피스톤 운동방향이 바뀔 때 실린더 벽에 충격 발생

- **블로바이 현상이란?**

  피스톤과 실린더 사이로 압축, 폭발 가스가 새는 것

  블로바이 가스는 **강한 산성으로 부식을 유발**

- **연소실의 조건**
  - ✓ 연소실에는 **돌출부가 없어야** 하고 **표면적은 최소화**
  - ✓ **화염 전파시간 짧아야 한다.**
  - ✓ 압축 시 혼합가스의 **와류가 잘 되어야 한다.**

- **기관에서 엔진오일이 연소실로 올라오는 이유는?**

  피스톤 링 마모 때문

- **엔진 압축압력이 낮다면 그 원인은?**

  실린더벽 마모, 피스톤링 마모

- **피스톤 고착(뻑뻑)원인은?**
  - ① **기관 과열**
  - ② **피스톤과 벽의 유격이 작을 때**
  - ③ **엔진오일 부족**
  - ④ **냉각수 부족**

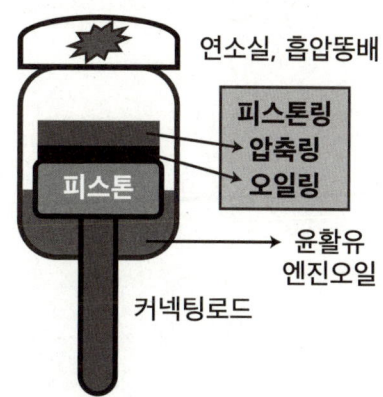

- **피스톤 링(압축링(위)+오일링(아래))**

  기밀, 오일제어, 열전도 작용을 하므로 **내열성과 내마모성이 커야한다.**

  실린더 벽보다는 약한재질로 제작이 용이해야한다.

- 크랭크 축은 **크랭크 암**, **크랭크 핀**, **져널**로 구성되어 있다. `TIP!` **: 암핀저**

- 기관의 **맥동적 회전** 관성력을 **원활한 회전으로 전환**시키는 부품은
  플라이 휠(클러치의 압력판이 밀착되어 같이 회전함)

- **구동밸트의 장력을 자동으로 조정**하는 장치는 **텐셔너**
- **파이프** 연결부 조임공구는 **오픈랜치**

- 시동 후 공회전 시 점검사항
  오일 및 냉각수 누출여부, 배기가스 색 확인

- 운전 중 계기판 확인 가능한 사항
  연료량계이지, 냉각수온도, 충전경고등

- 기관의 고속회전 불량 시
  ① **연료 압송 불량**
  ② **거버너(조속기) 불량**
  ③ **분사시기 조정 불량**인지 체크한다.

- 시동이 되지 않는 원인
  ① **연료계통 공기혼입**
  ② **연료부족**
  ③ **연료공급펌프 불량**

- 디젤엔진 출력 저하 원인
  ① **흡기계통 막힘**
  ② **분사시기 지연**
  ③ **배기계통 막힘**
      (But 압력계 작동 이상 X)

▣ 냉각장치 [라디에이터]

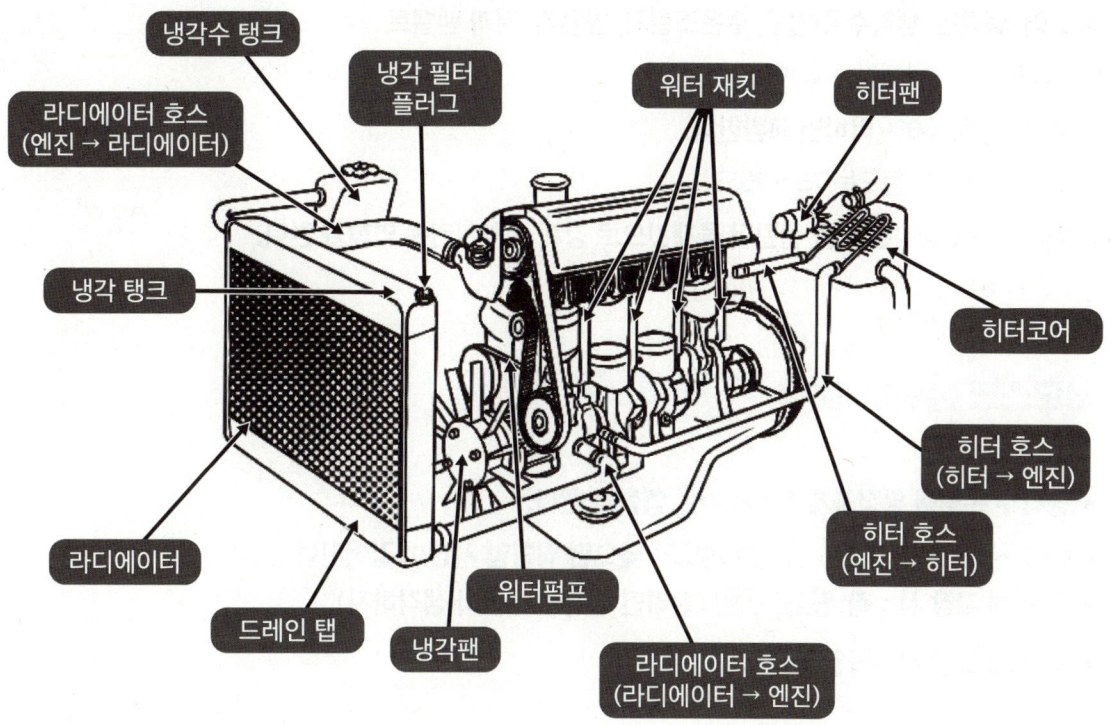

냉각수 탱크
냉각 필터 플러그
워터 재킷
히터팬
라디에이터 호스 (엔진 → 라디에이터)
냉각 탱크
히터코어
라디에이터
히터 호스 (히터 → 엔진)
드레인 탭
냉각팬
워터펌프
히터 호스 (엔진 → 히터)
라디에이터 호스 (라디에이터 → 엔진)

▣ 냉각장치 원리

실린더에서 뜨거워진 냉각수가 라디에이터(냉각장치)로 이동하여 수관을 타고 흐를 때
외부로부터 유입되는 **대기와 열교환**이 이루어진다.

▣ 냉각장치 종류

- 냉각장치에는 **수냉식(냉각수)**과 **공냉식(냉각팬)**이 있다.
- **수냉식** : **강**제, **압**력, **자**연 순환식 **TIP!** : **강압자**
- **공랭식** : 자연 통풍식, **강제 통풍식**

▣ 냉각장치 (라디에이터) 구성품

- 코어, 냉각핀, 냉각수 주입구, 수온조절기, 방열기, 팬과 팬밸트
  (물재킷 X - 물재킷은 실린더 구성품)
- 냉각코어는 20% 막히면 교환한다.
- 정상적 냉각수 온도는 75~95도
- 워터펌프 : 냉각된 물을 실린더 물재킷으로 강제 순환시키는 역할을 한다.

▣ 서모스텟 (수온조절기)

- 냉각수 온도를 일정하게 유지시키는 역할을 한다.
- 65도~85도에서 열림. 열리는 온도가 낮으면 워밍업 시간이 길어진다.
- 열린 채 고장 시 : 과냉원인 TIP! (열리면 냉각수 흐른다 생각하자)
- 닫힌 채 고장 시 : 과열원인

▣ 라디에이터캡 (주입구 마개)

- 압력밸브(비등점을 올려 오버히트 방지)와 진공밸브(코어파손방지) 설치되어 있다.
- 내부압력 부압(대기압보다 낮은 상태)되면 진공밸브 열린다.
- 실린더헤드 균열이 생기면 기관 작동 중 라디에이터 캡쪽으로 물이 상승하면서 연소가스가 누출된다.

▣ 냉각팬

- 자동차가 느리게 달릴 때는 자연냉각이 어려워 냉각팬이 작동한다.
- 냉각팬 회전 시 공기방향은 방열기 방향
- 전동팬은 냉각수 온도에 따라 모터로 작동(엔진시동과 관계없다.)되며
- 물펌프는 전동팬 작동과 상관없이 항상 회전한다.

▣ 냉각팬밸트

- **냉각팬밸트의 유격**이 너무 크면 냉각효과가 떨어져 **기관이 과열**된다.
- 팬밸트는 눌러서 **처짐 정도(13~20mm가 정상)**로 이상유무를 점검한다.

▣ 엔진오일 [엔진 윤활유]

- 기관(엔진)은 **엔진오일**로 윤활한다.
- 엔진오일의 기능
  ① **마멸 방지**
  ② **마찰 감소**
  ③ **냉각 기능**
  ④ **밀봉 기능**
  ⑤ **방청 기능**

- **점도** : 오일의 끈적임 정도를 나타낸다.
  ✓ **점도가 높으면 유동성 저하, 낮으면 유동성이 증가한다.**
  ✓ **SAE번호는 겨울 10~20, 봄가을 30, 여름 40~50이 적당하다.**
  TIP! (번호가 클수록 끈적인다고 생각하자.)
  ✓ **겨울철**에는 (묽은)**낮은 점도**의 오일을, **여름철**에는 (끈적)**높은 점도**의 오일을 쓴다.
  ✓ **오일의 점도가 너무 높으면 엔진 압력이 높아지고, 이는 동력손실로 이어질 수 있다.**

▣ 엔진오일 출제 포인트

- 좋은 엔진 엔진오일(윤활유)은?
  ① **온도변화에 안정적**이고
  ② **인화점 높고**
  ③ **응고점 낮아야** 좋다.

- **엔진오일 점검**

  ① 엔진오일 확인은 **평탄지**에서 **엔진정지 5~10분경과 후 점검한다.**

  ② 오일게이지는 **상한선(Full)과 하한선(Low) 사이에서 Full에 가까우면 좋다.**

  ③ 점도, 제작사 다른 두 오일 혼합 사용하지 않는다.

  ④ 사용중인 엔진오일 점검 시 **오일량이 처음보다 증가**했다면 원인은 **냉각수 혼입** `★ 초빈출 ★`

- **엔진오일 점검 시 색상**

  ① **검정(오염되었다) ★**

  ② **적색(가솔린 혼입)**

  ③ **우유색(냉각수 혼입) ★**

- **엔진오일 여과기**

  ① 오일 여과방식으로는 **분류식(일부여과), 전류식(전부여과), 샨트식(혼합식)**이 있다.

  ② 오일 여과기가 **막히면 유압이 높아진다.**

  ③ 여과기 성능이 떨어지면 **부품 마모가 빠르다.**

  ④ 엔진오일 여과기 막히는 것 대비하여 **바이패스 밸브를 설치한다.**

- 오일펌프의 **유압조절밸브**를 **조이면** 유압이 **상승**하고 **풀어주면** 유압이 **낮아진다.**
- 윤활방식 중 **오일펌프**로 급유하는 방식은 **압송식** / **비산식**은 **주걱모양 디퍼**로 공급
- 엔진오일 압력경고등은 점등되었다면?

  ① **오일부족**

  ② **오일필터 막혔다.**

  ③ **오일회로 막혔을 때 켜진다.**

  (엔진 급가속 시 (×))

▣ 연료와 연소계통 [중요] ★★

- 경유의 중요성질은 **세탄가, 착화성, 비중**(옥탄가 (×))
- 겨울철 연료 가득 채우는 이유는 공기 중 수분 응축으로 물이 생기기 때문
- 흡입공기 압축 시 온도는 **500~550도**

- 디젤엔진 연소실에서 연료는 연료분사노즐로 **안개처럼(무화되어) 분사된다.**

- **연료분사펌프**
  연료 압력 높이는 **조속기와 분사시기 조절 장치**가 설치되어 있는 것은 **연료 분사펌프**다.
  분사펌프의 **플런저와 배럴사이**는 **경유(연료)로 윤활**한다. ★

- **분사시기와 분사량 조절**
  ✓ 디젤기관의 **타이머** 역할은 **연료분사시기 조절**
  ✓ **조속기**(거버너governor)의 **역할 연료 분사량을 조절**한다.
  ✓ 디젤엔진 **연료 분사량 조정**은 컨트롤 슬리브와 피니언의 위치관계를 변화시켜 조정한다.

- **디젤기관 부조 발생원인**
  ✓ **거버너(조속기) 불량**
  ✓ **연료 압송불량**
  ✓ **분사시기 조정불량**
  ✓ 연료라인에 **공기혼입 시**
  ✓ 인젝터(분사노즐) 간 **연료 분사량 일정하지 않으면**
  연소 폭발음 차이가 나고 **기관부조 발생**한다.
  (발전기 고장 (×))

- **엔진부조 발생 시 연료계통을 점검**한다.
- **실화(Miss Fire)가 일어나면 엔진회전이 불량**해진다.
- 디젤기관의 **노크 발생 방지방법은 압축비를 높이는 것**
- **드럼통으로 연료 운반 시 불순물 침전 후 침전물 혼합되지 않도록 주입**

- **연료분사 3대요소** TIP! : **무관분**
  ✓ **무화**(안개처럼 연료방울을 미세하게 쪼개어 뿌려준다)
  ✓ **관통력**
  ✓ **분포**(발화 (×))

- 연료순환 순서

  연료탱크에서 분사노즐까지 연료순환 순서는

  [연료탱크 - 연료공급펌프 - 연료필터 - 분사펌프 - 분사노즐]

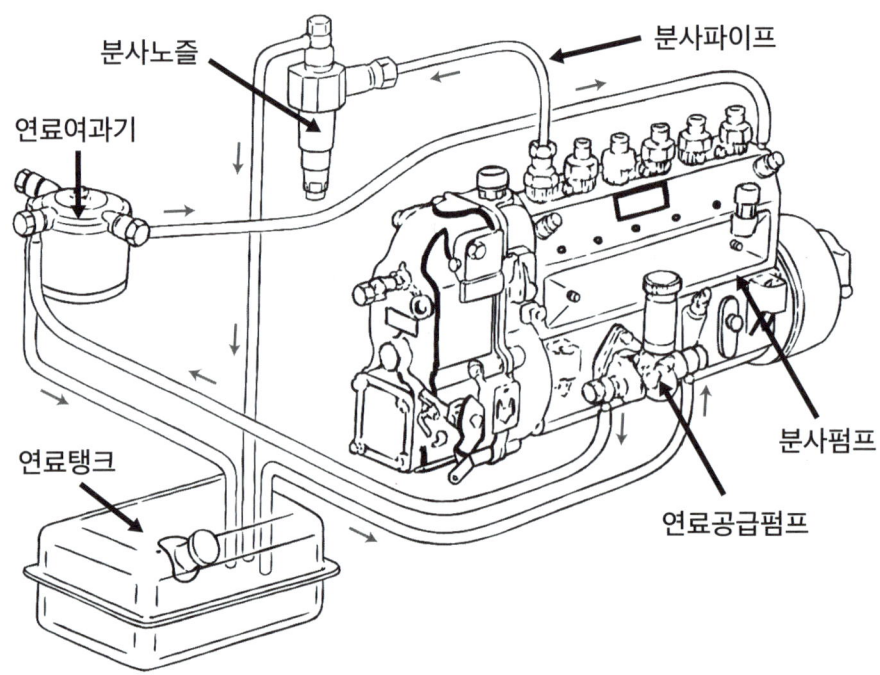

분사노즐
분사파이프
연료여과기
연료탱크
분사펌프
연료공급펌프

- 연료계통의 공기배출작업
  - ✓ **연료만 배출되면** 작동하고 있던 **프라이밍펌프를 누른 상태로 벤트플러그를 막는다**.
  - ✓ **연료필터의 공기배출** 위한 장치는 **벤트플러그**

- 기관의 출력저하 원인은
  - ✓ **연료분사량 적을 때**
  - ✓ **노킹**이 일어날 때
  - ✓ 실린더 내 **압축압력이 낮을 때**
    (기관오일 교환했을 때 (×))

▣ 시동보조장치 `TIP!` : 공감히트

[공기예열장치 / 감압장치 / 히트레인지]

감압장치, 히트레인지는 시동을 돕기 위해 설치된 부품

- **공기예열장치(예열플러그)**
  - ✔ 예연소실식에서 연소실 내 공기를 직접 예열하는 방식은 예열플러그식
  - ✔ 예열플러그가 심하게 오염시 원인은 불완전 연소 또는 노킹
  - ✔ 예열플러그 회로는 디젤기관에만 있다.
  - ✔ 기온이 낮을 때 예열플러그 사용한다.(기통내 공기가열)
  - ✔ 6기통 디젤기관 병렬 연결된 플러그에서 2번 기통 예열플러그 단락 시 2번 실린더만 작동이 안되고 나머지는 작동한다.

- **감압장치(디콤프)**
  - ✔ 시동시 흡배기 밸브를 강제로 열어 실린더 내 압력을 감압시켜 엔진의 회전이 원활하도록 하는 장치
  - ✔ 겨울철 시동보조
  - ✔ 기동전동기 무리 예방 기능

- **히트레인지**

  직접분사식 디젤엔진에서는 예열플러그를 설치할 공간이 없기 때문에

  흡기매니폴드(흡기다기관)쪽에 설치되어 공기를 예열, 시동을 돕는 장치이다.

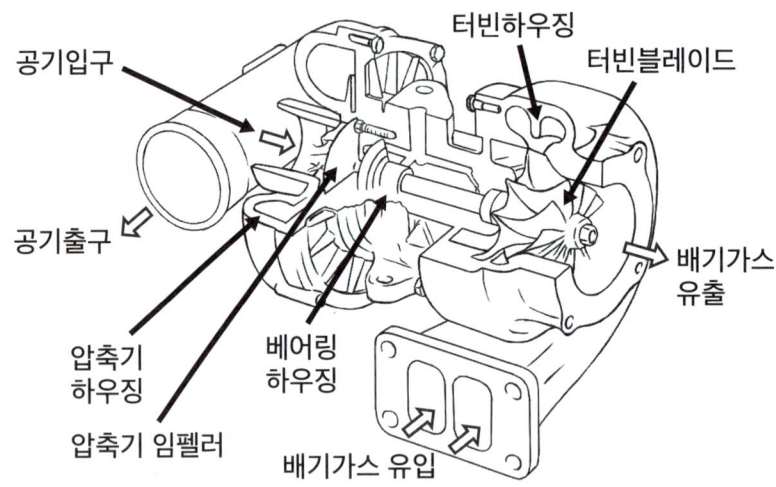

공기입구 / 터빈하우징 / 터빈블레이드 / 공기출구 / 배기가스 유출 / 압축기 하우징 / 베어링 하우징 / 압축기 임펠러 / 배기가스 유입

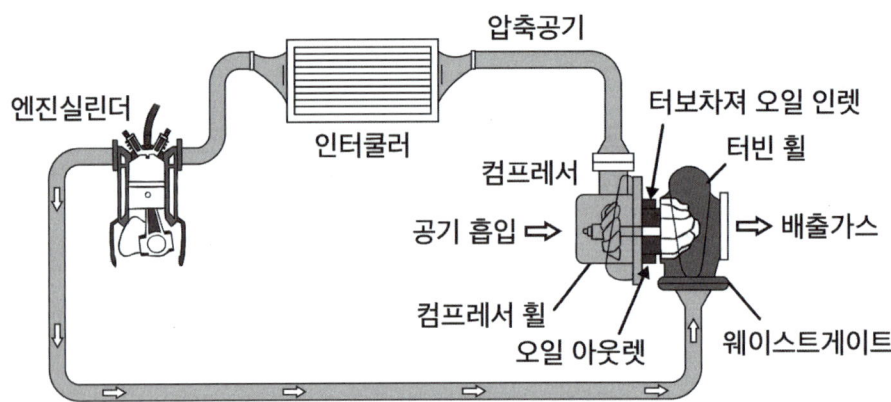

엔진실린더 / 압축공기 / 인터쿨러 / 컴프레서 / 공기 흡입 / 컴프레서 휠 / 오일 아웃렛 / 터보차져 오일 인렛 / 터빈 휠 / 배출가스 / 웨이스트게이트

★ 터보차져(과급기)는

- 고압으로 배출되는 배기가스를 그대로 흘려 보내지 않고 터보차저의 터빈을 돌리는데 이용함으로써 임펠러와 디퓨저를 통해 더 많은 압축 공기를 강제로 흡기 쪽으로 공급할 수 있도록 하는 장치

- 터보차저의 가장 큰 기능은 공기압축공급(출력증대)이다.

- 터보차저는 흡기관과 배기관 사이에 위치한다.

- 디퓨저는 과급기 내부에서 공기 속도에너지를 압력에너지로 바꾼다. TIP! : 속압디퓨저

- 터보차저(과급기)에서 터빈 축의 베어링에는 기관오일(엔진오일)을 급유한다.

   (터보차저는 배기가스배출을 위한 일종의 블로워다 (×))

▣ 디젤엔진 노킹 [knocking]

- 기관 과냉 등으로 연소실 내 연료의 자연 착화가 지연되면서 연료가 쌓여 한꺼번에 폭발하면서 소음발생과 출력저하를 가져오는 현상

- 노킹이 발생하면 연소실 이상 온도 상승으로
  - ✓ 기관이 과열되고 엔진에 손상이 갈 수 있다.
  - ✓ 기관의 출력과 흡기 효율은 저하된다.

- 노킹방지 방법
  - ✓ 착화 지연 시간은 짧게 한다.
  - ✓ 착화성이 좋은, 세탄가가 높은 연료를 사용한다.
  - ✓ 연료와 공기의 압축비를 높인다.
  - ✓ 냉각수 온도를 높여 연소실 벽의 온도를 높게 유지한다.
  - ✓ 착화기간 중 분사량 적게 한다.

- 노킹발생 주요 원인
  - ✓ 연소실 내 누적된 연료가 많아 일시에 연소하게 되면 노킹이 발생한다.
  - ✓ 분사압력 낮다.
  - ✓ 연소실 온도 낮다.
  - ✓ 착화지연시간 길다.
  - ✓ 분무상태 불량, 착화기간 중 분무량 많다.
  - ✓ 기관이 과냉되었다.
    (세탄가 높다, 고세탄가다 (×))

▣ 연소실

- **직접분사식**은 **흡기가열식 예열장치**를 사용한다.
- 직접분사식 연소실의 특징
  - ✓ 실린더헤드 **구조가 간단**하다.
  - ✓ **열효율이 높고 열손실이 적다.**
  - ✓ 연료의 **분사압력이 높다.**
  - ✓ 펌프와 노즐의 **수명이 짧다.**

- **예연소실식, 와류실식, 공기실식**은
  보조연소실이 있기 때문에 **예열플러그가 필요함**.

- 예연소실식 연소실
  ① **예열플러그가 필요하다.**
  ② **분사압력 낮다.**
  ③ **예연소실이 주연소실보다 작다.**
    (사용연료 변화에 민감하다X)

▣ 배출가스

- 국내에서 디젤기관에 규제하는 배출가스는 **매연**이다.
- **유해가스는 일산화탄소(CO), 탄화수소(HC), 질소산화물(Nox)**
- **질소산화물 NOx**는 **높은 연소 온도**때문에 발생한다.
  따라서 **연소온도를 낮추지 않으면 감소시킬 수 없다.**
  연료 분사시기를 늦추고 공기와류가 잘 되도록 해서 연소 온도를 낮춘다.

- 배출가스의 색이 **회백색**이면 **윤활유가 연소**되고 있는 것이다.
  따라서 **피스톤링, 실린더벽의 마모, 피스톤과 실린더의 간극을 점검한다.**

- 배출가스는 **무색이 정상**이다.

- 배출가스의 색이 **검은색**이면 **농후한 혼합비** 또는 **공기청정기가 막혔을 가능성**이 크므로 **공기청정기 점검, 분사시기 점검, 분사펌프를 점검**한다.

- 공기청정기(에어클리너)

  공기를 실린더로 흡입할 때 먼지 등 **불순물을 여과**하는 것은 에어클리너다.

- 블로바이 가스

  ① 불로바이 가스는 **피스톤과 실린더 간격이 클 때** 압축행정 시 대기로 **새어나오는 가스**로 오일에 **슬러지를 형성**한다.

  ② 블로바이 가스를 방지하려면 **크랭크케이스를 환기**해야 한다.

  ③ 불로바이 가스는 **기관의 출력 저하와 오일의 희석**을 야기한다.

- 블로우 다운이란?

  폭발행정의 끝 부분에 실린더 내 압력에 의해 **배기가스가 배기밸브를 통해 배출**되는 현상을 말한다.

- 배기상태가 불량하여 배압이 높으면

  ① **기관과열**

  ② **출력감소**

  ③ **피스톤운동방해**

  (But 냉각수 온도 내려간다 (×))

3. 유압장치

▣ 유압이란?

- **유압** = 단위 단면적에 가해지는 힘의 세기(kgf/cm^2)
- 압력단위 : Pa, kPa, psi(평방인치당파운드),
  mmHg(수은주 밀리미터), bar, atm
- **유량** = 단위시간에 이동하는 유체의 체적

▣ 파스칼원리

- 유체의 압력은 직각으로 동일한 압력이 작용한다.
- **밀폐용기 안의 액체 일부에 가해진 압력은 각 부분에 동시에 같은 크기로 전달된다.**

▣ 유압유의 점도

- **점도가 낮을 때**
  - ① 유압 떨어짐
  - ② 오일누설
  - ③ 펌프효율 저하

- **점도가 높을 때**
  - ① 유압 상승
  - ② 온도상승
  - ③ 마찰손실로 동력 손실 발생

▣ 공동현상 (캐비테이션) 현상

(물 속에서 프로펠러가 빨리 돌 때를 상상해 보자 – 기포와 소음 발생)

① **오일 내 용해된 공기가 기포로 발생**

② **국부적 압력상승과 소음진동 발생**

③ **필터가 너무 촘촘할 때 발생**

▣ 유압장치

- 유압장치의 구성 : 유압발생장치, 유압구동장치, 유압제어장치로 구성

- 유압장치의 장점

① **에너지 손실이 적다.**

② **작은 동력으로 큰 힘**을 내며 **속도제어가 쉽다.**

③ **조작이 간단**하며 **힘의 증폭**이 가능하다.

④ **신속한 응답성**과 **정확한 위치제어**

⑤ **무단변속과 자동제어**가 가능하다.

- 유압장치의 단점

① **화재의 위험이 있다.**

② **고압 위험성**

③ **이물질이나 공기 혼입에 취약하다.**

④ **연결부위의 누출**

⑤ **온도에 따른 점도변화**

⑥ **유지관리 어려움**

◪ 엑추에이터란?

유압에너지를 **기**계에너지(직선운동 or 회전운동)로 **변환**하는 장치 `TIP!` : 유기엑추에이터
대표적 엑추에이터에는 유압모터 / 유압실린더가 있다. `TIP!` : 모실

◪ 유압모터

유압모터는 유압에너지의 속도(유량)를 이용, 조절함으로써 **회전운동**을 하는 장치
유압모터의 **용량은 [입구 압력당 토크]**로 나타냄

- **유압모터의 종류** `TIP!` : 베플기
  베인형, **플**런저형(피스톤형), **기**어형
- **베인형** : 베인사이에 유입된 유체에 의해 로터가 회전
               내구성 큰 무단변속기(로커암식, 캠로터리식)
- **플런저형**(피스톤형) : **고압에 적합, 최고 토출압력, 평균효율이 가장높다. 대형이고 비싸다.**
- **기어형** : **구조간단, 가격저렴, 평기어**

- **유압모터의 특징**
  ① 유압모터는 **오일점도에 영향**을 받는다.
  ② 유압모터는 **무단변속이 용이**하다.
  ③ 유압모터는 **유량조절(속도) 방향제어가 쉽다.**
  ④ 유압모터는 **급정지가 용이**하다.
  ⑤ 유압모터는 비교적 **신속하고 정확하게 작동**한다.
  ⑥ 유압모터는 **오일누유 위험성**이 있다.
  ⑦ 유압모터는 **화재발생 위험**이 있다.
  ⑧ 유압모터는 먼지나 **공기혼입 위험성**이 있다.

▣ 유압실린더

- 유압펌프에서 보내진 유압에너지로 **피스톤의 직선운동**을 만들어낸다.
- 종류 : ① **단동 실린더(피스톤, 플런저, 램형)**
    ② **복동 실린더(싱글, 더블)**
    ③ **다단 실린더**

- 유압실린더 구성품 : **피스톤, 피스톤로드, 실린더, 쿠션기구, 실(seal)**

- **작동 속도 조절은 유량으로 한다. 유량부족 시** 작동속도는?
  느려진다.(**빠르게 하려면? 유량을 증가**시킨다.)

- 유압실린더 교환 시 **누유 및 작동상태를 점검**하고, **공기빼기 작업**을 한다.

- 유압실린더의 과도한 **자연낙하 현상 원인**
    ① **컨트롤밸브 스풀 마모**
    ② **릴리프밸브 조정 불량**
    ③ **오일링 마모**

- **숨돌리기 현상**이란?
  유압으로 작동하는 실린더 등의 장치가 작동 중 **순간적으로 멈칫**하며 **작동이 지연되는 현상**.
  원인 : 서지압 발생. 공기혼입으로 유체압력을 전달하는 피스톤의 작동이 불안정하여 발생.

▣ 유압펌프

- 유압펌프의 종류 **TIP!** : **기로베플!**
  기어펌프, **로**터리펌프, **베**인펌프, **플**런저(피스톤)펌프

- **기어펌프** : **회전형펌프로 간단구조, 저렴, 효율이 떨어짐, 흡입력 좋음.**
    (**펌프베어링 마모, 오일부족, 흡입관이 막히면 소음발생**)

- **베인펌프** : 회전형펌프로 간단구조, 경량, 유지관리 쉬움, 수명 길다.
- **플런저펌프** : 피스톤형펌프로 구조복잡, 비쌈. 흡입능력 나쁨. 최고압토출 및 가변용량 토출가능, 고압대출력, 수명길다.
- **로터리펌프**(트로코이드 펌프) : 안쪽 내외 로터 2개, 바깥쪽 하우징으로 구성된 펌프

- 펌프용량은 **토출량**으로 표시
- 유압펌프의 오일 **토출량이 부족하면 회전속도가 느려지고, 토출량이 크면 회전속도가 빨라진다.** (오일의 흐름량으로 속도 결정)
- 오일 누설이나 작동부가 마모, 파손되면 **펌프회전속도가 느려진다.**

▣ 오일(유압유)탱크

- 오일탱크 구성품 **TIP!** : 플스주면베플
- **드레인플러그** : 탱크내 오일 전부 배출
- **스트레이너** : 흡입구에 설치 불순물 필터
- **주입구캡 / 유면계** : 적정오일량 나타냄
- **베플플레이트** : 칸막이로 기포 분리제거

- **유압탱크의 기능**
  ① 필요 유량 확보
  ② 방열, 온도 유지
  ③ 불순물 혼입 방지
  ④ 기포 분리 제거

▣ 기타 유압부품

- **배관이음**으로 **호이스트형 유압호스 연결부**에 쓰이는 것은? **유니온조인트**
- 유압호스 중 **가장 큰 압력**에 견디는 것은? **나선 와이어 브레이드**

- **오일 실(Seal)**
  ① 유압계통의 오일누출 방지 역할
  ② 수리할 때마다 항상 교환
  ③ 오일누출 시 가장 먼저 점검 확인

- **더스트실(Dust seal)의 역할?**
  유압실린더 내로 먼지나 오염물질이 혼입되는 것을 방지

- **어큐뮬레이터(축압기)의 기능은? 유압에너지 저장, 충격흡수 기능**
  (블레더형 내부에는 질소가스 충진)

- **유압장치의 수명연장을 위해서 가장 중요한 것은?**
  정기적으로 오일필터를 점검 교환한다.

▣ 유압회로

❖ **유압회로는**
유압기기를 서로 연결하는 유로 복잡하여 도면으로 표시한 것

- **종류 : 압력제어회로, 속도제어회로, 무부하회로(언로드)**

- **압력제어회로 - 릴리프벨브로 알맞은 압력 제어**

- **속도제어회로 - 유압모터 / 실린더 속도를 유량으로 제어**
  ① 미터인 - 엑추에이터 입구쪽 관로에 유량제어밸브를 설치하여 속도 제어
  ② 미터아웃 - 엑추에이터 출구쪽 관로에 회로를 설치하여
  　　　　　　실린더에서 유출되는 유량으로 속도를 제어
  ③ 블리드오프 - 실린더 입구 분기회로에 유량제어밸브 설치
  　　　　　　불필요한 유압을 배출하여 작동효율 증진

- 무부하회로(언로드회로) - 작업 중 유량이 필요치 않게 되었을 때
  오일을 탱크에 귀환시켜 펌프를 무부하 시키는 회로

- **유압회로의 압력에 영향주는 요소**
  - 유량, 점도, 관로직경

- **유압회로의 압력 점검 위치**
  펌프와 컨트롤밸브 사이 TIP! **: 펌컨사이다**

- **유압회로 내 소음 원인**
  ① 회로 내 공기혼입
  ② 채터링 현상
  ③ 캐비테이션 현상

- **유압회로 잔압설정 이유**
  - 작동지연방지, 공기혼입 / 오일누설 방지

- **서지압(surge Pressure)**
  - 유압회로내 과도하게 발생하는 이상압력의 최대값

- **차동회로를 설치한 유압기기에서 속도가 나지 않는 원인은?**
  - 유압회로 내 압력손실이 있을 때

▣ 유압밸브

❖**압력제어밸브는**
펌프와 방향전환 밸브 사이에서 **유압을 일정하게 조절하여 일의 크기를 결정**

- **압력제어밸브의 종류** TIP! **: 압카리릴무시~** ★★★
  (**카**운터밸런스, **릴**리프밸브, **리**듀싱(감압)밸브, **무**부하(언로드)밸브, **시**퀀스밸브)

① **카운터밸런스밸브** : 실린더가 중력으로 제어속도 이상으로 낙하하는 것을 방지

② **릴리프밸브** : 유압회로 최고압력을 제한하고 압력을 일정하게 유지시키는 밸브

③ **리듀싱(감압)밸브** : 입구 압력을 감압하여

　　　　　　　　　　　　유압실린더 출구압력을 설정압력으로 유지하는 밸브

④ **무부하밸브** : 고압소용량, 저압대용량 펌프조합

　　　　　　　　작동압력이 규정 이상 상승할때 동력절감

⑤ **시퀀스밸브** : 두개이상의 분기회로에서 작동순서를 제어

❖ **방향제어밸브는**

엑추에이터의 운동방향을 제어하기 위해 **유체의 흐르는 방향 제어하는 밸브**

• **방향제어밸브의 종류** TIP! : **방체감스셔~** ★★★

(**체**크밸브, **감**속밸브(디셀러레이션밸브), **스**풀밸브, **셔**틀밸브)

① **체크밸브** : 역류를 방지하고 잔압을 유지해주는 밸브

② **감속밸브**(디셀러레이션 밸브) : 엑추에이터의 속도를 감속시키기 위한 밸브

③ **스풀밸브** : 외부에 여러 개 홈 파여 있고 원통형 슬리브 내접, 유로를 개폐

④ **셔틀밸브** : 회로 내 유체의 흐름 방향을 변환 시키는 밸브

❖ **유량제어밸브는**

유압장치에서 **작동속도를 바꿔주는 밸브**

• **유량제어밸브의 종류** TIP! : **유스압온니분~** ★★★

(**스**로틀밸브, **압**력보상밸브, **온**도압력보상밸브, **니**들밸브, **분**류밸브,)

① **스로틀밸브** : 오일통과 관로를 줄여 오일량을 조절

② **압력보상밸브** : 부하변동이 있어도 스로틀 전후의 압력 차를 일정하게 유지

③ **온도압력보상밸브** : 점도가 변하면 일정량 보낼 수 없다.

　　온도에 따른 점도변화 줄여주는 밸브

④ **니들밸브** : 내경이 작은 파이프에서 미세한 유량을 조정하는 밸브

⑤ **분류밸브** : 유량을 제어하고 분배하는 밸브

• **유압장치에 사용되는 밸브는 경유로 세척**

〈실린더 종류와 기호〉

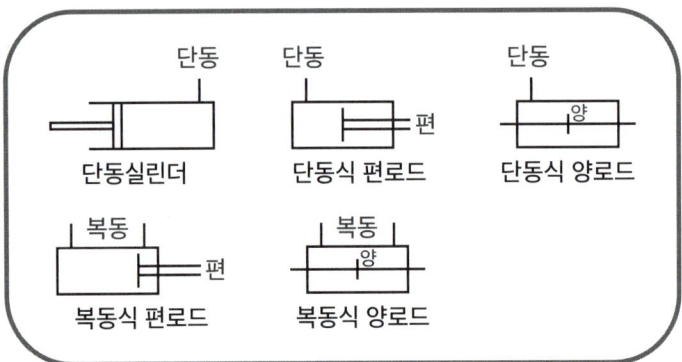

단동
단동
단동
편
양
단동실린더
단동식 편로드
단동식 양로드
복동
편
복동
양
복동식 편로드
복동식 양로드

〈시험에 잘나오는 기호〉

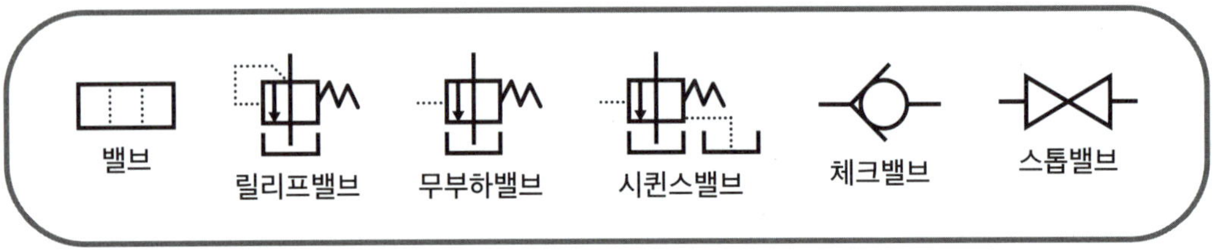

밸브
릴리프밸브
무부하밸브
시퀀스밸브
체크밸브
스톱밸브

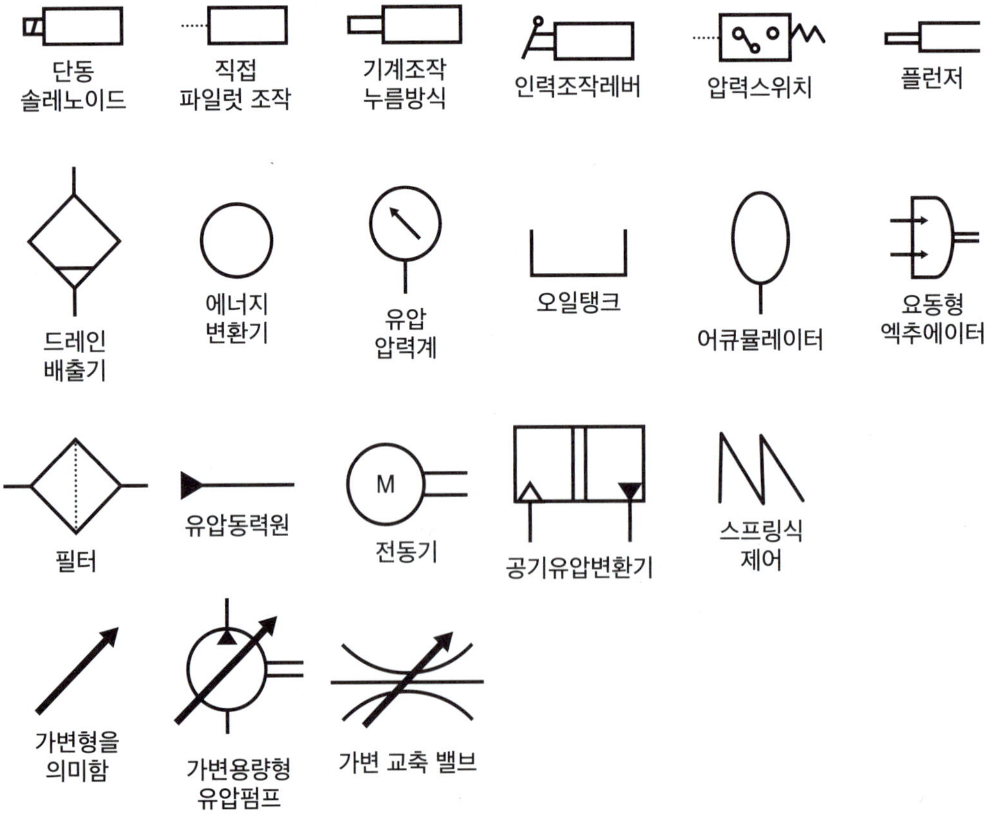

단동
솔레노이드
직접
파일럿 조작
기계조작
누름방식
인력조작레버
압력스위치
플런저
드레인
배출기
에너지
변환기
유압
압력계
오일탱크
어큐뮬레이터
요동형
엑추에이터
필터
유압동력원
M
전동기
공기유압변환기
스프링식
제어
가변형을
의미함
가변용량형
유압펌프
가변 교축 밸브

4. 전기장치

▣ 건설기계에서 전기의 이용

❖건설기계에서 전기장치는

> 축전지(배터리), 시동장치, 충전장치, 등화 냉난방에 이용

- 전류(I)의 단위는 A(암페어)

  저항(R)의 단위는 Ω(옴)

  전압(E)의 단위는 V(볼트)로 나타낸다.

- 전류 $I = \dfrac{전압 E}{저항 R}$ TIP! : 전류는 압퍼항~

  (예) 전압이 36V이고 저항이 2Ω 이면 전류는 몇 A인가?

  18A(전류는 압/항 = 36/2 = 18A)

- 전류는 전압의 크기에 비례하고 저항에 반비례

- 전력 P = 전류 I x 전압 E = E제곱 / R

- 전류의 3대작용 : TIP! : 발화자 (발열, 화학, 자기작용)

- 축전지의 충·방전 작용은 화학작용이다.

- 축전지 직렬연결 - 용량(사용시간)은 한 개와 동일, 전압은 두배(한방에 다 쓰기)

- 축전지 병렬연결 - 용량이 2배(2배 오래감), 전압은 한 개와 동일

▣ 플레밍의 TIP! : 왼전오발!

- 플레밍의 왼손법칙 : 전동기의 원리

  (왼전 / 도선이 받는 힘의 방향을 결정)

- 플레밍의 오른손법칙 : 발전기의 원리

  (오발 / 유도기전력, 유도전류의 방향을 결정)

▣ 축전지[배터리]의 용도

① 엔진 시동 시

② 발전기 고장 시

③ 발전기 출력 및 부하의 언벨런스 조정

④ 화학에너지를 전기에너지로 변환

⑤ 전기에너지를 화학에너지로 저장

▣ 축전지[배터리]의 종류

- **납산축전지 : 저렴한 가격, 가장 많이 사용되지만 수명 짧고 무겁다.**
  - **양**극판 : **과**산화납   **TIP!** : **양과음해**
  - **음**극판 : **해**면상납
  - 극판의 작용물질이 떨어지기 쉽다.
  - 전해액은 묽은황산, 자연감소 시 증류수로 보충
- **MF축전지 : 전해액 보충이 필요없다. 격자의 재질은 납과 칼슘 합금**
  - 자기방전이 적고 보존성이 우수
  - 밀봉 촉매마개를 사용하며, 비중계가 부착되어 있다.
- **알칼리 축전지 : 전해액으로 알칼리용액을 사용**
  - 진동에 강하고 자기방전이 적어 수명이 길지만 비싸다.

▣ 축전지[배터리] 핵심기출

- **축전지 급속충전은?**
  ① 긴급할 때만 사용한다.
  ② 충전시간은 가능한 짧게한다.
  ③ 통풍이 잘되는 곳에서 한다.

- **축전지 전해액 빨리줄어드는 원인은?**

  ① 케이스 손상

  ② 과충전

  ③ 전압조정기 불량

- **축전지 겨울철 온도 내려갈 때 현상은?**

  ① 비중 상승(온도와 비중은 반비례)

  ② 용량 저하

  ③ 전압 저하

- **축전지 전압이 낮을 때 원인은?**

  ① 조정 전압이 낮다.

  ② 다이오드가 단락되었다.

  ③ 케이블 접속이 불량하다.

- **납산축전지 충전 시 화기엄금 이유는?**

  - 수소가스 발생, 폭발위험 때문

- **납산축전지 증류수를 자주 보충해야 한다면 그 이유는?**

  - 과충전되고 있기 때문이다.

- **축전지를 과충전하면?**

  ① 전해액이 **갈**색을 띄고,

  ② 양극판 격자가 **산**화되며,

  ③ 양극 단자 셀커버가 **불룩**하게 부푼다.

  > **TIP!** : 과충전하면 갈산동 배불뚝 된다.
  > (갈색 되고, 산화 되고 불룩하게 부푼다)

- **납산축전지를 장기간 방전상태로 두면?**

  - 극판이 영구황산납(바보~)가 되어 못쓴다.

- **급속충전 시 접지케이블 분리하는 이유는?**

  - 발전기의 다이오드 보호

▣ 기동전동기

❖ 일반적으로 시동전동기(엔진 시동을 거는 모터)로 이해하면 쉽다.

• 기동 전동기 역할

> 내연기관이 처음 작동(기동)할 때 축전지의 전원을 사용하여
> 1회의 폭발을 일으켜 크랭크 축을 회전시키는 역할

• 건설기계차량에서 가장 큰 전류가 흐르는 곳은 시동모터(기동전동기)다.
• 기동 전동기는 플래밍의 왼손법칙 이용

  (왼전오발의 왼전! 왼손법칙은 전동기(모터)의 원리)

• 건설기계 전동기는 축전지의 전원으로 시동(기동)하는 직류 직권 전동기

  TIP! : 찍찍전동기

• 전동기 종류 - 직권식(직렬)을 주로 사용하며, 분권식(병렬), 복권식(복합)이 있다.
  – 직권식 전동기는 계자코일과 전기자 코일이 직렬로 연결
  – 분권식 전동기는 계자코일과 전기자 코일이 병렬로 연결

• 기동 전동기의 시험항목 - 무부하시험, 회전력시험, 저항시험

  TIP! : 무회저

• 기동 전동기의 회전력 시험은 정지 시의 회전력을 측정
• 기동 전동기의 전기자 코일의 시험은 그로울러 시험기 이용

▣ 기동전동기의 동력전달

❖ (기동전동기의) 동력전달기구는

  시동모터(기동전동기)의 회전으로 발생한 토크를 플라이휠로 전달해주는 장치

• (기동전동기의) 동력전달기구는 클러치, 시프트레버, (구동)피니언 기어로 구성
• 기동전동기 동력전달 순서는 클러치 - 변속기 - 종감속기어

TIP! : 클변종

- 시동장치의 링기어를 회전시키는 **구동피니언은 기동전동기에 부착**
- 플라이 휠 링기어 손상 시 **기동전동기는 회전되나 엔진 크랭킹이 되지 않는다.**
- **오버러닝 클러치란?**

  시동 이후 피니언이 링기어에 물려 있어도 엔진의 회전력이 기동전동기로

  전달되지 않도록 설치된 클러치를 말한다.

기동전동기 핵심기출

❖ 기동전동기가 작동하지 않거나 회전력이 약한 이유는?

① 배터리 전압이 낮다.

② 배터리 단자와 터미널 접촉불량

③ 배선과 시동스위치 손상 또는 접촉불량

④ 브러시와 정류자의 밀착불량

(but전동기는 배터리관련 문제지 오일이나 밸트문제가 아님)

❖ **기동전동기 시험항목**이 **아닌 것**은?(무회저)

① 무부하 시험

② 회전력 부하 시험

③ 저항시험

(but 정류자시험 (×))

❖ 시동 걸린 후 스타트 키 ON상태로 계속 누르고 있으면?

▶ 피니언 기어 손상, 수명 단축

❖ 겨울철 시동전동기 크랭킹 회전수가 낮아지는 원인은?

① 엔진오일 점도 상승

② 저온으로 축전지 용량 감소

③ 저온으로 기동 부하 증가

(but 점화스위치 저항증가 (×))

▣ 운전 중 충전장치 (발전기와 레귤레이터)

❖ **건설기계의 충전장치는**

- **발전기와 레귤레이터로 구성**되어 **전기장치에 전력을 공급**하고
  축전지를 충전하는 역할을 한다.

- **발전기**는 크랭크 축에 의해 **구동**된다.

- **레귤레이터**는 충전 시 **일정한 전압을 유지**시켜주는 장치 **직류발전기** **구성품 암기** TIP! : **전철코브정**

  ① **전**기자 - 전류가 발생되는 부분

  ② 계자 **철**심과 계자 **코**일 - 계자코일에 전류가 흐르면 철심이 전자석이 된다.

  ③ **정**류자와 **브**러시(교류를 직류로 바꿔준다.(정류))

- **교류발전기** **구성품 암기!** TIP! : **슬브다로스** ★★★

❖ **특징 : 고속, 내구성이 좋다. 브러시 수명 길다.**

  - 소형 경량이며 저속충전 성능이 좋아 널리 이용

  - 역류하지 않아 컷아웃 릴레이나 전류제한기 필요없다.

  - 불꽃 발생 없다. 점검, 정비 쉽다.

  (중요! 건설기계 장비의 발전기는 3상 교류발전기!)

  ① **슬**립링 - 브러시로부터 전류를 공급 받아 로터를 전자석으로 만든다.

  ② **브**러시 - 브러시는 로터가 회전할 때 슬립링과 접촉을 하면서

        로터 코일에 전류를 공급하는 역할

  ③ **다**이오드(정류기) - 스테이터 코일에서 발생된 교류전류를 직류로 변환,

        역류방지 기능을 한다.

  ④ **로**터 - 팬벨트에 의해 돌려지면 전자석이 되어 회전하고,

        스테이터에서 전류가 발생

  ⑤ **스**테이터 코일 - 직류의 전기자에 해당, 전류가 발생되는 부분

- **축전지의 전기를 정류자에 전달하는 것은** 브러시다.(1/3 마모 시 교체)

- **기동전동기** 전기자코일에
  항상 일정방향으로 전류가 흐르도록 하기 위해 정류자를 설치**한다.**

- **디젤 교류발전기 고장 시 현상**
  ① 충전경고등 점등
  ② 헤드램프 어둡다.
  ③ 전류계 지침이 (−)를 가리킨다.
  (but 배터리 방전 시동꺼진다 (×))

- **교류발전기 작동 중 소음원인**
  ① 베어링 손상
  ② 벨트 장력 약하다
  ③ 고정 볼트가 풀렸다.
  (but 축전지 방전 (×))

- **직류 레귤레이터(DC)**
  - 전압을 일정하게 유지하는 전압조정기(직류 교류 공통)
  - 역류방지 컷아웃릴레이
  - 출력전류 이상 방지하는 전류제한기

- **교류 레귤레이터(AC)**
  - 전류조정기, 컷아웃릴레이 없고 전압조정기만 있음
  - 전압조정기 종류는 **TIP! : 접카트!** – **접**지식, **카**본파일식, **트**랜지스터식
  - 레귤레이터 고장 시 발전기가 발전해도 축전지에 충전이 되지 않는다.

▣ 등화장치

- **전조등 : 전조등 좌우램프 회로는 병렬로 되어있다.(복선식)**
- **실드빔식 전조등**
  ① 반사경과 필라멘트가 일체형
  ② 필라멘트 끊어지면 전조등 전부를 교환해야 한다.
  ③ 내부에 불활성 가스가 들어있다.
  ④ 사용에 따른 광도 변화가 적다.

- **세미실드빔식 전조등**

  ① 전구만 따로 교환가능

  ② 먼지. 습기 들어가면 조명 효율을 떨어뜨린다.

  ③ 할로겐램프가 해당

- **방향지시등 한쪽만 점멸이 빠르다면?**

  – 가장 먼저 전구(램프)를 점검한다.

- **방향지시등 한쪽만 고장일 때 그 원인은?**

  ① 전구1개가 단선

  ② 녹발생으로 전압강하

  ③ 규정 용량 전구 미사용

  (but 플래셔 유닛 고장 (×))

- **에어컨 신냉매는 R-134a**

▣ 계기판 경고등

- **방향지시등, 제동등 확인은 운행 전에 확인한다.**
- **운전 중 충전경고등 들어왔다면?**

  – 충전이 되지않고 있음을 나타낸다.
- **정비 시 오일경고등이 점등되었다면?**

  – 우선 즉시 시동을 끄고 오일계통 점검

- **기관온도계의 눈금은 냉각수의 온도를 표시한다.**

- **기관을 회전하여도 전류계가 움직이지 않는 이유는?**

  ① 전류계 불량

  ② 스테이터 코일 단선

  ③ 레귤레이터 고장

  (but 축전지 방전 때문은 아니다.)

- **자기진단 기능이란?**

  - 고장진단 테스트 단자로 항상 시스템을 감시하며
    필요 시 경고신호를 보내주는 기능

- **제어유닛(ECU)이란?**

  - 전자제어 디젤 분사장치에서 연료를 제어하기 위해

    센서로부터 각종정보를 입력받아 전기적 출력 신호로 변환하는 장치

▣ 다이오드/트랜지스터

- **다이오드(한쪽 방향으로 전류가 흐르도록 제어하는 반도체 소자)**

  ① 소형이고 가볍다.

  ② 예열시간을 요구하지 않고 곧바로 작동한다.

  ③ 전력손실이 적으나

  ④ 고온, 고전압에 약하다.

  ⑤ 포토 다이오드는 빛에 따라 전류가 흐르는 전기소자

- **트랜지스터(전자신호나 전력을 증폭하거나 스위칭하는데 사용되는 반도체 소자)**

  ① 트랜지스터도 소형경량

  ② 수명이 길고, 내부전압 강하 적다.

  ③ 고온, 고전압에 약하다.

  ④ **N**PN형 : **에**미터 접지　**TIP!** : 엔이피컬

  ⑤ **P**NP형 : **컬**렉터 접지

  ⑥ 트랜지스터의 회로작용은 **지**연회로, **증**폭회로, **스**위칭회로　**TIP!** : 지증스

5. 동력전달장치 / 조향장치 / 제동장치

1 **타이어식 굴착기 동력전달 장치**

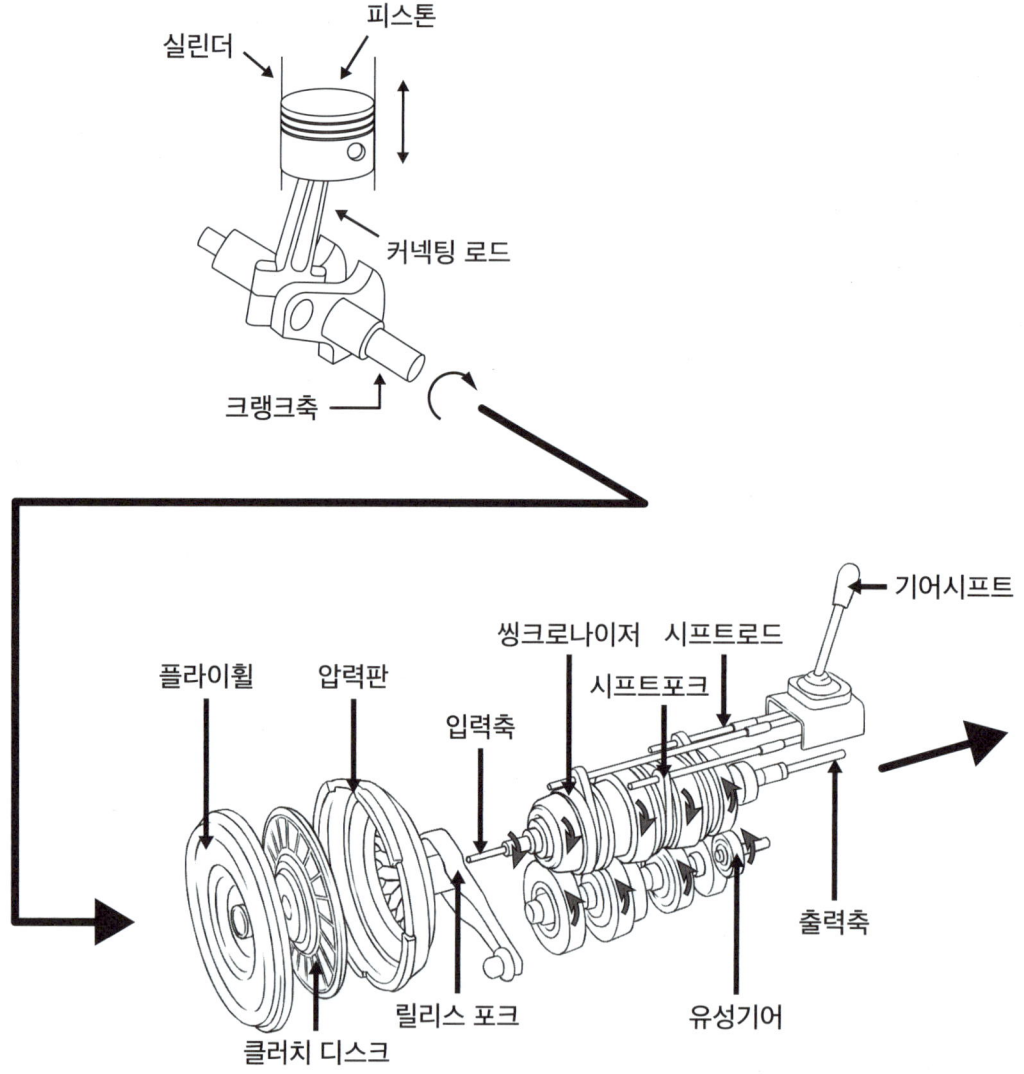

▣ 타이어식 굴착기 동력전달 순서

- **마찰클러치형** `TIP!` **: 엔클변종앞차**

> 엔진 - 클러치 - 변속기 - 종감속기어와 차동장치 - 앞구동축 - 차륜

또는

> **엔진(피스톤 - 커넥팅로드 - 크랭크축)** - 클러치 - 변속기 - 종감속장치
>
> - 차동장치 - 구동축 - 바퀴

- **토크컨버터형** `TIP!` **: 엔토변종앞최차**

> 엔진 - 토크컨버터 - 변속기 - 종감속기어 - 앞구동축 - 최종감속기 - 차륜

- 과급기(터보차저)는 실린더에 압축공기를 공급하는 장치이지 동력전달장치 아니다.

▣ 클러치

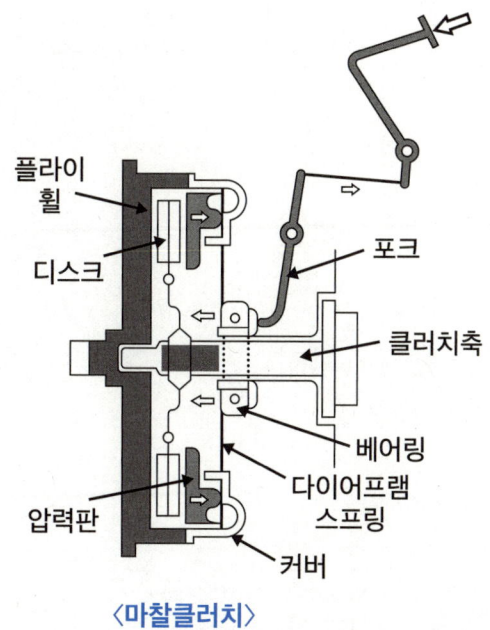

플라이
휠

디스크

포크

클러치축

베어링

다이어프램
스프링

압력판

커버

〈마찰클러치〉

❖ **클러치는**

기관(엔진)에서 생산된 회전력을 변속기에 전달하는 역할

- **(일반마찰)클러치는 수동변속기에 사용**되며 **엔진과 변속기 사이 동력을 단속**한다.

- **클러치 중 전달매체로 유체(오일)을 사용하는 유체클러치는 자동변속기에 많이 쓰인다.**

- **(유체클러치의) 가이드링은 와류를 감소**시키는 **역할을 한다.**

- **클러치의 용량은 [엔진 회전력의 1.5~2.5배]**

  – 클러치 용량이 너무 크면 엔진 정지나 동력전달 시 충격이 일어나므로
  엔진의 회전력에 비해 1.5~2.5배 정도 크면 된다.

  – 클러치 용량이 너무 작으면 클러치 슬립이 발생한다.

- **클러치는 엔진동력을 연결하고 끊어주는 역할을 하므로**

  변속 시에만 클러치 페달을 밟는다.

- **압력판은 (플라이휠에 클러치판을 압착시킨 다음) 플라이휠과 같이 회전**한다.

- **쿠션스프링으로 클러치판의 변형을 방지**한다.

- **클러치 스프링의 장력 약하면 클러치가 미끄러진다.**

- **클러치 페달의 유격을 두는 이유는 미끄럼방지 목적**이다.

- **클러치가 끊어지지 않는 원인은 클러치 유격이 너무 크기 때문**

- **클러치가 자꾸 미끄러지면**

  ① 속도감소

  ② 견인력감소

  ③ 연료소비증가

    (but 엔진과냉 (×))

▣ 토크컨버터

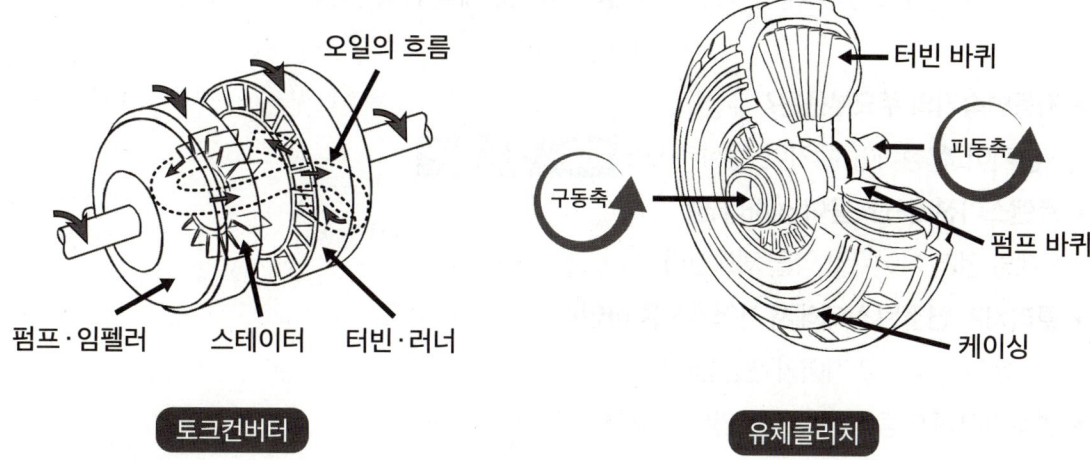

펌프·임펠러   스테이터   터빈·러너

오일의 흐름

터빈 바퀴

피동축

펌프 바퀴

구동축

케이싱

토크컨버터   **유체클러치**

- **토크컨버터 : 유체를 매체로 토크를 변환하는 역할**
- **구성 : 펌프, 터빈, 스테이터로 구성된다.** `TIP!` **: 펌터스**
- **토크컨버터가 유체클러치와 다른 점은 스테이터가 있다는 것**
- **토크컨버터의 오일의 흐름을 바꾸는 스테이터(마주보는 두개의 선풍기처럼)**
- **엔진과 직결되어 같은 회전수로 회전하는 것은 펌프**
- **토크컨버터의 오일의 조건**

  ① 점도는 적당해야 하고

  ② 빙점(어는점)이 낮고

  ③ 비등점(끓는점)과 착화점은 높을 것(안정성이 커야)

▣ 변속기

❖ **변속기는**

엔진 회전속도에 맞추어 바퀴의 회전 속도를 변화시키는 장치다.

- **변속기의 역할**

  - 변속기는 엔진 회전력을 증대시키고, 시동 시 장비를 **무부하 상태**로 만든다.
  - 장비의 **후진 시 필요**하다. (○)

- **변속기의 조건**
  - 소형, 경량이며 강도와 내구성이 좋아야 한다.(대형이어야 한다. (×))
  - 신속, 정확하고 연속적인 변속이 가능해야 한다.(단계적 변속 (×))

- **자동변속기의 주요부품은?**
  - **썬**기어, **유**성기어, **링**기어, **유**성캐리어 **TIP!** **: 선유링유**
- **트랜스미션에서 소음이 심하다면?**
  - 제일 먼저 기어오일 양을 체크한다.
- **클러치가 연결된 상태에서 기어변속을 하면?**
  - 소음이 발생하고 기어가 손상된다!
- **변속기어의 이중물림 방지는 인터록 장치**

▣ 추진축

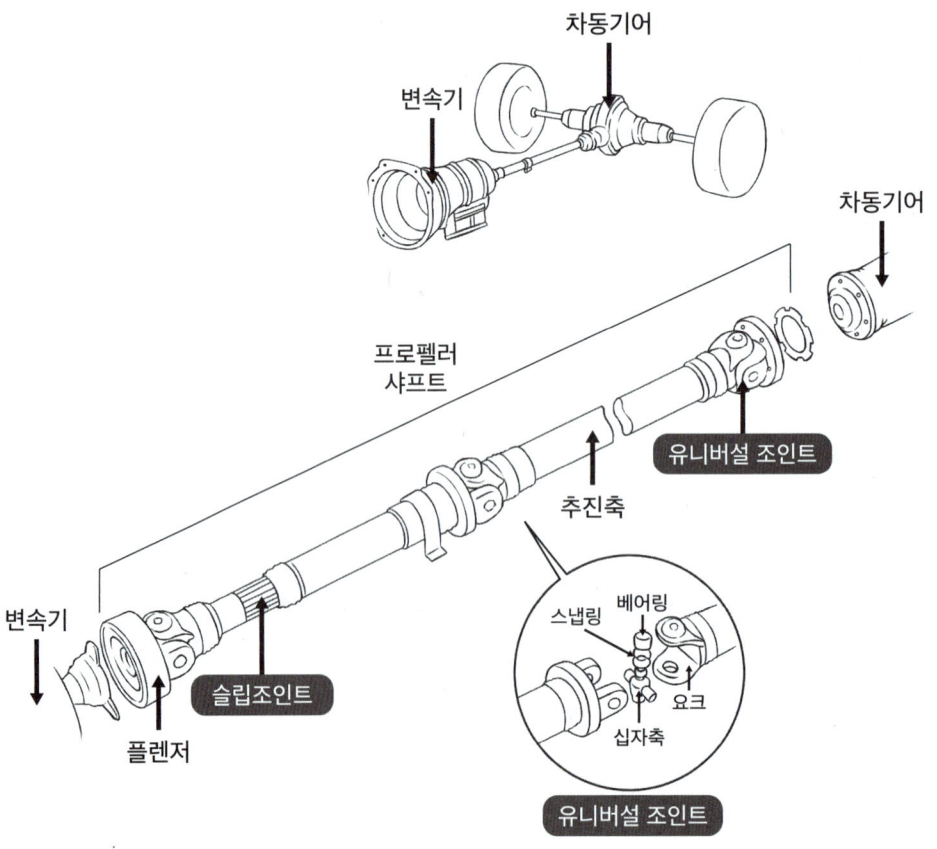

변속기
차동기어
차동기어
프로펠러
샤프트
유니버설 조인트
추진축
변속기
슬립조인트
플렌저
스냅링
베어링
요크
십자축
유니버설 조인트

- 추진축의 회전 시 **진동방지**는 추진축의 **밸런스 웨이트**

- **슬립이음(슬립조인트)**
  – 추진축의 **길이방향** 변화를 위해 사용

- **유니버셜 조인트(십자축 자재이음)**
  – 두 축 간 충격완화와 각도변환을 쉽게 할 수 있게 해 준다.

- **종감속 장치**는 엔진동력을 바퀴까지 전달 시
  – 마지막으로 감속작용을 하는 [파이널드라이브기어]다.

- **종감속비는 링기어 잇수 / 구동기어 잇수** **TIP!** : 종 = 링/구

- 휠형 건설장비가 커브를 돌 때 원활한 선회를 할 수 있도록
  (바깥쪽 바퀴의 회전속도를 증대시켜)
  안쪽 바퀴와 바깥쪽 바퀴의 속도에 차등을 두는 장치는 차동기어장치
  (노면의 저항이 적은 바퀴가 빠를 수 있다.)

- 자재이음, 슬립이음, 베어링, 볼 조인트 등 연결부위에는 **그리스를 주입한다.**

▣ 타이어

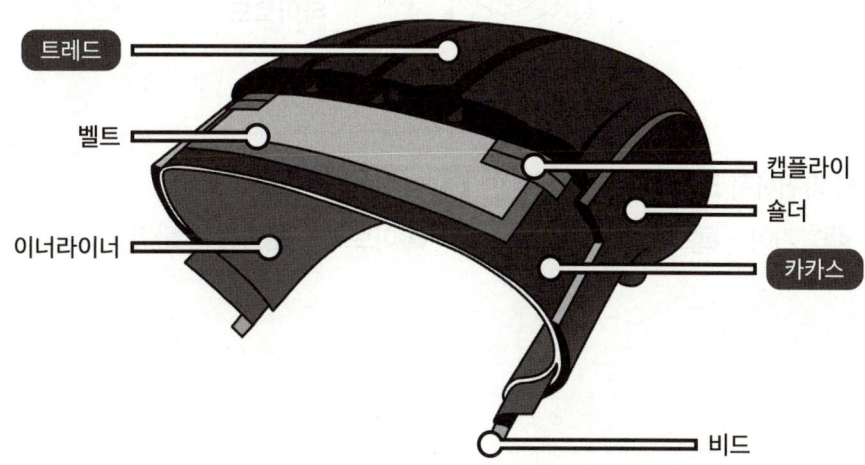

트레드
벨트
이너라이너
캡플라이
숄더
카카스
비드

- 노면과 직접 접촉해서 마모를 견디고
  적은 슬립으로 견인력을 증대시키는 타이어의 부분은 트레드
  트레드 패턴은 편평율과는 관련 없다.

- 여러겹의 고무피복코드로 타이어의 골격은 카커스
  저압타이어 표시순서 **저**압타이어 - **폭** - **내**경 - **플** TIP! : **저폭내플**
- (예) 9.00-18-15PR에서 9.00은 폭, 18은 내경, 15는 플라이레이팅(강도)

2 조향장치

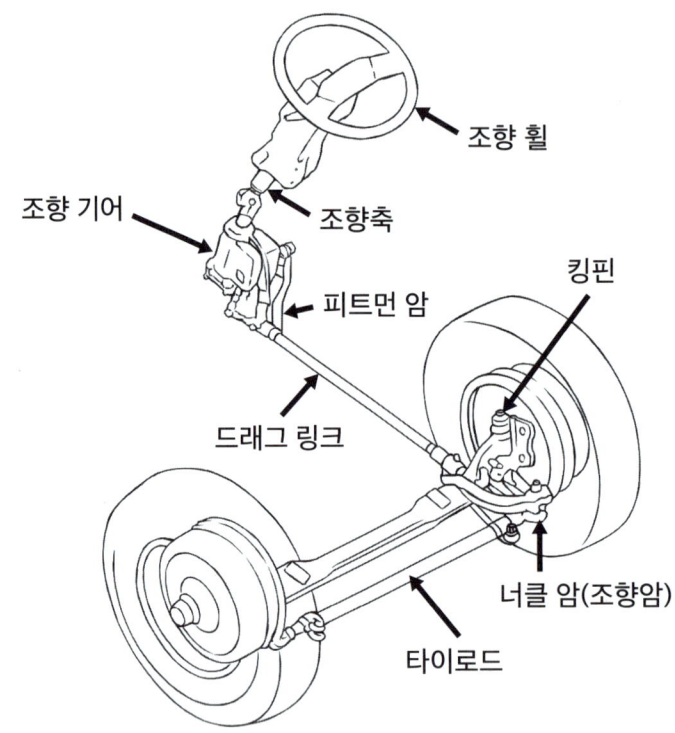

조향 휠

조향 기어

조향축

킹핀

피트먼 암

드래그 링크

너클 암(조향암)

타이로드

- 핸들에서 바퀴까지 조작력 전달 순서 TIP! : **핸조피드타조바**
  핸들 - **조**향기어 - **피**트먼암 - **드**래그링크 - **타**이로드 - **조**향암 - **바**퀴

> **일반적인 휠형 건설장비는 앞바퀴로 조향하나**
>
> **지게차는 뒷바퀴 조향방식이다.(지게차는 앞바퀴 구동, 뒷바퀴 조향)**
>
> **지게차의 조향원리는 에커만 장토식이다.**
>
> **지게차 조향장치의 유압실린더는 복동식 양로드형이다.**

- 조향기어 구성품은 **웜섹조 - 웜기어, 섹터기어, 조정스크류** `TIP!` : 웜섹조
- 조향기어 **백래시(톱니바퀴 틈새)가** 크면 핸들유격이 커진다.
- **벨크랭크는** 실린더의 **직선운동을 회전운동으로** 바꾸고, **타이로드를 직선운동** 시킨다.
- **드래그링크 : 벨크랭크와 실린더 사이에** 설치~ `TIP!` : 벨드실

- **조향장치 핸들 무거운 이유는?**
  ① 유압 계통에 오일부족
  ② 유압이 낮다.
  ③ 공기혼입 때문이다.
  (but 바퀴가 습지에 있다거나 핸들 유격과는 관련이 없다.)

- **동력조향장치(파워스티어링) 의 장점**
  ① 작은 조작력으로 조작 가능
  ② 설계 제작 시 기어비 선정 용이
  ③ 굴곡 노면 충격흡수
  ④ 시미현상(조향장치 진동) 감소

- **조향핸들 유격이 커지는 원인**
  ① 타이로드 & 볼조인트 마모
  ② 조향바퀴 베어링 마모
  ③ 피트먼 암의 헐거움
  ④ 조향기어의 백래시가 크다.
  (but 타이어 마모와는 관련 없다.)

▣ 토인

앞바퀴

위에서 본 모습

- **토인**은 앞바퀴의 간격이 뒤보다 앞이 좁은 것**(한자 여덟팔자)**
- 토인 조정을 통해 **고속주행 안정성**과 **타이어 편마모를 방지**한다.
- **토인 조정**은 **타**이로드로 한다. **TIP!** : 토~타~

▣ 캠버각

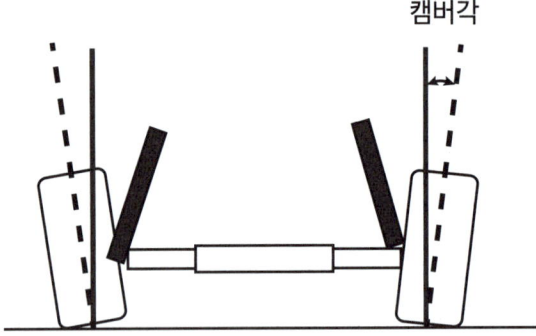

캠버각

- **캠버각** : **바퀴중심선**과 노면과의 **수직선**이 이루는 각도
  앞바퀴를 앞에서 보면 약간 바깥쪽으로 벌어져 있음
- **핸들조작 가볍게** 하고 **타이어 이상마멸 방지**
- 캠버각이 틀어지면 **핸들쏠림 발생**하고 **트레드 편마모**되므로
  휠얼라이먼트를 조정한다.

▣ 킹핀경사각

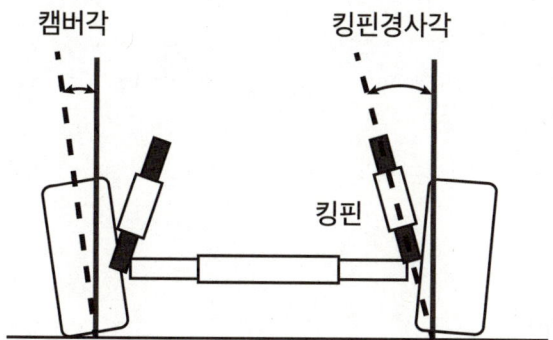

- **킹핀 경사각** : 앞에서 앞바퀴를 볼때 **킹핀중심선**과 **수직선**이 이루는 각도
    핸들 조작력, 복원력 증대시키고 **제동 시 충격감소** 역할

▣ 캐스터각

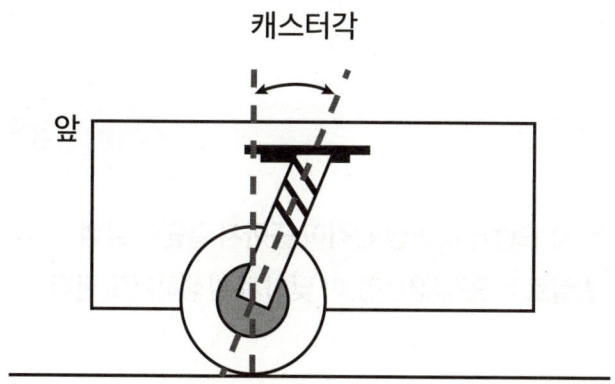

- **캐스터각** : 앞바퀴를 옆에서 보았을 때 **조향축이 기울어 있는 각도**
    주행 방향성 향상, 핸들복원력 증가

❖**앞바퀴 정렬(휠얼라이먼트)**을 통해

- 타이어 마모를 최소화하고,
- 직진성, 조향복원력, 방향안정성을 향상시킨다.
- 핸들조작을 작은 힘으로 할 수 있다.

▣ 브레이크 장치 조건

① 브레이크는 마찰력이 좋아야 한다.

② 신뢰성 내구성 뛰어나야 한다.

③ 점검정비 용이해야한다.

④ 모든 바퀴에 균등한 제동력 발생시켜야 한다.

- **유압식 브레이크(드럼식, 디스크식)는**

  ① 파스칼의 원리를 이용

  ② 유압계통이 누설 파손되면 급격한 성능저하

- **유압브레이크에서 잔압유지 역할하는 밸브는 체크밸브!**

- **제동장치의 마스터 실린더의 리턴구멍이 막히면**

  – 브레이크 오일이 돌아오지 못해 제동이 풀리지 않는다.

▣ 베이퍼록

- **원인 : 긴 내리막에서 과도한 브레이크 사용 시 드럼과 라이닝 간격이 좁아져 끌림이 발생**

  오일에 과도한 수분함유 또는 오일 변질로 비등점(끓는점)이 낮아져 발생하기도 한다.

- **현상 : 브레이크 오일이 마찰열로 인해 끓어올라(비등)**

  기포가 발생하여 브레이크 작동이 원활히 되지 않는 현상

- **방지 방법 : 긴 내리막에서는 엔진브레이크를 사용한다.**

▣ 페이드 현상

- 계속된 브레이크 사용 시 브레이크 드럼과 라이닝 사이 과도한 마찰열로
  마찰계수가 떨어져 제동력이 떨어지는 현상을 페이드 현상이라 한다.
- 조치방법 : 작동을 중지하고 열이 식도록 한다.

▣ 진공식 배력장치

- 대형차는 보조브레이크로 진공식 배력장치를 이용 신속한 제동을 이끌어낸다.
- 뒷바퀴 부근에 설치하며 릴레이밸브 불량 시에도
  브레이크 밸브로부터의 압축공기로 제동이 가능하다.

6. 건설기계 관리법 및 도로교통법

1 건설기계 관리법

❖ **건설기계 관리법의 목적**은 건설기계의 **효율적인 관리**와 **안전도 확보**이다

▣ 등록신청

- 건설기계 등록은 **대통령령**에 따라
- 건설기계 소유자의 주소지 또는 사용본거지를 관할하는 **시·도지사**에게 신청
- 취득일로부터 **2월** 이내에 **등록신청**을 해야한다.
  (전시.천재지변.국가비상사태에는 5일 이내 신청)

▣ 등록신청 시 제출하는 서류

① 건설기계 제작증(국내 제품일 때)

② 수입면장 등 수입 사실 증명서류(수입품일 때)

③ 매수증서(관청에서 매입 시)

④ 건설기계 소유자임을 증명하는 서류

⑤ 건설기계 제원표

⑥ 보험 또는 공제에 가입을 증명하는 서류

기출유형

❖ 건설기계 소유자는 다음 어느령이 정하는 바에 따라 건설기계를 등록하는가?

① 대통령령 (O)

② 총리령

③ 고용노동부령

④ 국토교통부령

❖ 건설기계의 등록신청은 누구에게 하는가?

① 국토부장관

② 국무총리

③ 작업현장 관할 시·도지사

④ 소유자의 주소지 또는 사용본거지 관할 시도지사 (O)

❖ 건설기계의 등록신청은 취득한 날로부터 얼마의 기간 내에 해야 하는가?

① 2월 이내 (O)

② 1월 이내

③ 20일 이내

④ 10일 이내

❖ 건설기계 등록시 첨부하지 않아도 되는 것은?

① 건설기계 소유자임을 증명하는 서류

② 건설기계 제작증

③ 건설기계 제원표

④ 호적등본 (×)

▣ 등록 변경신고

- 등록사항 변경 시
- 소유자 또는 점유자는 시·도지사에게 변경사항을 신고
- 변경이 있은 날부터 30일 이내에 신고(상속 시 3개월 / 전시, 비상사태 5일)
- 건설기계 매수자가 등록사항 변경신고를 하지 않을 시에는
  매도자가 직접 소유권 이전 신고를 할 수 있다.

▣ 등록 변경신고 시 제출서류 TIP! : 등신검증

- 건설기계 등록증
- 건설기계 등록사항 변경 신청서
- 건설기계 검사증
- 변경내용을 증명하는 서류

▣ 등록 이전 신고

- 등록주소지 또는 사용본거지 시도 간 변경 있을 때
  변경이 있은 날로부터 30일 이내에 새로운 등록지를 관할하는 시·도지사에게 신고

▣ 등록 이전신고 시 제출서류 TIP! : 등신검증

- 건설기계 등록증
- 건설기계 등록이전 신고서
- 건설기계 검사증
- 변경사실을 증명하는 서류

▣ 등록사항의 변경 또는 등록이전신고 대상

- 소유자 변경
- 소유주의 주소지 변경
- 건설기계의 사용본거지 변경

> **주의!** 건설기계 소재지 변동은 등록이전신고 대상이 아니다.

▣ 등록의 말소

- **등록말소 사유**

  TIP! : 거짓반차 최고3천 폐교안에서 도수체조하면 등록말소된다.

  - **거짓** 그 밖에 부정한 방법으로 등록
  - 구조적 결함으로 **반**품
  - **차**대가 등록시 차대와 다른 경우
  - 정기검사 유효기간 만료 **3**개월 이내 시·도지사 **최고** 받고도 지정기한까지 정기검사 받지 아니한 경우
  - **천**재지변이나 사고로 멸실
  - **폐**기, **교**육, **안**전기준 부적합, **도**난, **수**출
- **건설기계 등록 원부는 등록말소 후 10년 동안 보존**

❖ 등록말소에 해당하지 않는 것은?

① 건설기계 폐기하였을 때

② 구조변경을 했을 때 (×)

③ 차대가 등록시와 다른 경우

④ 건설기계가 멸실 되었을 때

▣ 등록번호표 (국토교통부령으로 정함)

- 등록관청, 용도, 기종 및 등록번호를 표시(연식은 표시되지 않는다)
- 신규등록 시, 시도를 달리하는 등록 이전신고 시, 등록번호 식별 곤란 시
  등록번호표 제작을 통지하거나 명령하여야 한다.
- 등록번호표 제작을 통지 또는 명령은 누가하는가? 시·도지사
- 철판 또는 알루미늄 판·압형으로 외곽선 1.5mm 튀어나오게 제작한다.

▣ 등록번호표의 제작

- 등록번호표 제작자는 시·도지사로부터 지정으로 받아야 한다.
- 시·도지사로부터 제작 통지를 받은 건설기계 소유자는
  3일 이내 등록번호표 제작을 신청하면
  제작자는 신청을 받은 때로부터 7일 이내에 제작을 하여야 한다. TIP! : 3신청 7제작
- 지역명 및 영업용 표시 삭제
- 번호체계 8자리로 개편(전국 동일) 📟 012가4568
- 크기는 1종류로 통일(520×110mm) (2022년 11월 26일부터 시행)
- 자가용은 흰색 판에 검은색 문자
- 영업용은 주황색 판에 흰색 문자
- 관용은 흰색 판에 검은색 문자

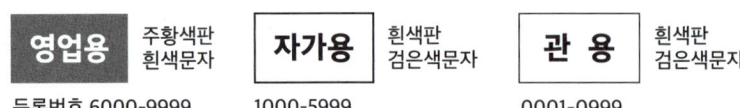

영업용	주황색판 흰색문자	자가용	흰색판 검은색문자	관 용	흰색판 검은색문자
등록번호 6000-9999		1000-5999		0001-0999	

〈기종별 기호표시〉
불굴로지스 덤기모롤노

01 불도저	03 로더	05 스크레이퍼	07 기중기	09 롤러
02 굴삭기	04 지게차	06 덤프트럭	08 모터그레이더	10 노상 안정기

❖ 등록건설기계의 기종별 표시가 틀린 것?

① 01불도저

② 02굴삭기

③ 04지게차

④ **09기중기 ((×) 09번은 롤러)**

❖ 등록번호표 반납 사유 발생 시 며칠 이내 반납하나?

▶ **10일 이내 반납**

❖ 등록번호표 반납 시 누구에게 반납하나?

▶ **시·도지사**

▣ 특별표지판 부착하여야 할 건설기계

- **등록번호가 표시되어 있는 면에 부착**
  - 길이 16.7m 초과
  - 너비 2.5m 초과
  - 높이 4m 초과
  - 회전반경 12m 초과
  - 총중량 40톤(축중량 10톤)
- **경고표지판은 조종실 내부에서 보기 쉬운 곳에 부착**

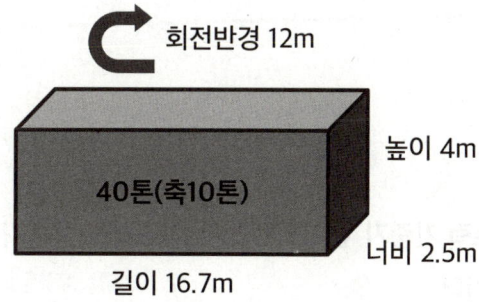

회전반경 12m
높이 4m
40톤(축10톤)
너비 2.5m
길이 16.7m

▣ 적재물 위험표지

- 안전기준을 초과하는 화물의 적재허가를 받은 자는 그 길이 또는 폭의 양끝에
  너비 30cm 길이 50cm 이상의 빨간 헝겊으로된 표지를 달아야 함.

▣ 임시운행 사유

- 신개발 건설기계의 시험 연구 목적인 경우 3년 이내 임시 운행
- 그 외 등록전 임시운행 기간은 15일 이내
  등록신청 시 / 신규등록검사 시 / 수출 · 판매 · 전시를 목적으로 일시적 운행

▣ 건설기계의 범위 (27종 및 특수건설기계)

불도저, 굴착기, 로더, 지게차, 스크레이퍼, 덤프, 기중기, 모터그레이더, 롤러, 노상안정기
콘크리트배칭플랜트, 콘크리트피니셔, 콘크리트살포기, 콘크리트믹서트럭, 콘크리트덤프
아스팔트믹싱플랜트, 아스팔트피니셔, 아스팔트살포기, 골재살포기, 쇄석기, 공기압축기
천공기, 항타 및 항발기, 자갈채취기, 준설선(비자항식), 타워크레인
그 밖에 국토교통부장관이 따로 정하는 특수건설기계

★ 건설기계 신규등록 검사는 검사 대행자가 한다.

▣ 정기검사

- 정기검사 유효기간
  ❖ 타워크레인 6개월
  ❖ 타이어식 굴착기, 덤프트럭,기중기, 콘크리트믹서, 아스팔트 살포기, 천공기 1년
  ❖ 로더, 지게차, 모터그레이더
  ❖ 그 밖의 건설기계 3년(ex 무한궤도 굴착기)

❖ 검사유효기간 만료 후에 계속 운행하고자 할 때 어느 검사를 받아야 하는가?

   – 정기검사

❖ 1톤지게차의 정기검사 유효기간은? 2년

❖ 건설기계 신규등록 검사는 검사대행자가 한다.

▣ 정기검사 신청

• 검사 유효기간 만료일 전후 각각 30일 이내에 신청

• 검사신청을 받은 시도지사 또는 검사대행자는 5일 이내에 검사일시와 장소 통지

• 정비업소에서 제동장치에 대해 정기검사에 상당하는 정비를 받은 경우 정기검사에서
그 부분의 검사를 면제 받을 수 있다. 이 경우 제동장치 정비확인서를 제출해야 한다.

▣ 정기검사의 연기

• 정기검사 연기 기간은 6월 이내

  ❖ 해외임대를 위해 일시반출 : 반출기간 내

  ❖ 압류된 건설기계 : 압류기간 이내

  ❖ 대여업을 휴지하는 경우 : 휴지기간 이내

  ❖ 타워크레인 천공기 해체된 경우 : 해제되어 있는 기간 이내

• 검사 연기신청을 받은 시도지사 또는 검사 대행자는
연기 신청일로부터 5일 이내 연기 여부를 결정하여 신청인에게 통지

• 연기 불허 통지를 받은 자는
검사신청기간 만료일부터 10일 이내에 검사신청 해야한다.

▣ 정기검사의 최고

- **시·도지사**는 건설기계 소유자에게 정기검사 유효기간 만료된 날로부터 **3**개월 이내에 정기검사 받도록 **최고**한다. **TIP! : 최고삼~**

▣ 건설기계의 구조변경

- **건설기계의 구조변경 범위는**
  - ❖ 건설기계의 길이, 너비, 높이 변경
  - ❖ 원동기 형식변경, 동력전달장치, 주행장치, 제동장치, 유압장치, 조종장치,조향장치, 작업장치의 형식변경
  - ❖ 수상 작업용 건설기계 선체의 형식 변경

- **구조변경 범위에 속하지 않는 것**
  - ❖ 적재함 용량 증가를 위한 구조변경
  - ❖ 건설기계의 기종변경
  - ❖ 육상 작업용 건설기계의 규격 증가

- **구조 변경 검사는 변경 / 개조한 날부터 20일 이내에 신청해야 함**

▣ 수시검사

- **성능이 불량하거나 사고가 자주 발생하는 건설기계의 안전성을 점검하기위해 수시로 실시 또는 소유자의 신청을 받아 실시**
- **시·도지사는 수시검사 명령 시 검사일 10일 이전에 명령서를 교부한다.**

▣ 검사대행자

- **국토부장관은 시설과 기술을 갖춘 검사대행자를 지정할 수 있다.**
- **검사대행자 신청서 첨부서류** `TIP!` : **규시기**
  - ❖ 검사업무**규**정안
  - ❖ **시**설보유증명서
  - ❖ **기**술자보유증명서
    (but 장비보유 증명서 필요 없다.)

- **우리나라 정기검사 대행기관 – 건설기계안전관리원**

- **검사소 이외의 장소에서 출장검사를 받을 수 있는 경우는?**
  - ❖ 도서지역
  - ❖ 너비 2.5m 초과
  - ❖ 차제중량 40톤 초과
  - ❖ 축중 10톤 초과
  - ❖ 최고속도 시간당 35km 미만인 경우

- **출장검사 불가, 검사장에서 검사 받아야 하는 건설기계는?**
  - – 덤프, 믹서, 트럭적재식 콘크리트펌프, 아스팔트 살포기

▣ 조종사 면허 종류

- ❖**불도저 / 5톤 미만 불도저**
- ❖**굴착기 / 3톤 미만 굴삭기**
- ❖**로더 / 3톤 미만 로더 / 5톤 미만 로더**
- ❖**지게차 / 3톤 미만 지게차**
- ❖**천공기(항타, 항발기) / 5톤 미만 천공기**
- ❖**타워크레인 / 3톤 미만 타워크레인**
- ❖**기중기 / 롤러 / 콘크리트펌프 / 쇄석기 / 공기압축기 / 준설선**

▣ 자동차1종대형면허로 조종가능 건설기계

덤프트럭, 믹서트럭, 콘크리트 펌프카, 아스팔트 살포기

천공기(트럭적재식), 노상안정기

(콘크리트 살포기는 조종할 수 없다)

▣ 소형건설기계 조종면허

- 시도지사가 지정한 교육기관에서 교육 마친 경우 발급

- 교육시간
  - ❖ **3톤 미만 굴착기, 지게차, 로더**
    - 이론 6시간, 실습 6시간 총 12시간
  - ❖ **3톤 이상 5톤 미만 로더, 5톤 미만 불도저**
    - 이론 6시간, 실습 12시간 총 18시간

❖ 건설기계 조종사 면허와 관련된 사항으로 틀린 것은?

① 자동차운전면허로 운전할 수 있는 건설기계도 있다.

② 면허를 받고자 하는 자는 국공립병원, 시도지사가 지정하는 의료기관의
   적성검사에 합격하여야 한다.

③ 특수건설기계 조종은 국토해양부장관이 지정하는 면허를 소지하여야 한다.

④ 특수건설기계 조종은 특수조종면허를 받아야 한다. (×)

▣ 조종면허 적성검사 기준

- **시력 : 두 눈 뜨고 0.7, 각각 0.3 이상**
- **청력 : 55데시벨**
- **언어분별력 80% 이상**
- **시각 : 150도 이상**
- **정신질환자, 마약, 알콜중독자 아닐 것**

- 정기적성검사 : 10년마다(65세이상은 5년마다)
- 수시적성검사 : 장애 사유 발생 시

건설기계 검사기준 〈제동장치 제동력〉

- 모든 축 제동력 합이 축중(빈차)의 50% 이상일 것
- 동일 차축 좌우 바퀴 제동력 편차는 축중 8% 이내일 것
- 주차제동력의 합이 빈차중량의 20% 이상일 것

건설기계 검사기준 〈원동기 성능〉

- 작동상태에서 심한 진동 / 이상음 없을 것
- 원동기 설치 상태가 확실할 것
- 배출가스 허용기준에 적합할 것
- 건설기계 제작자로부터 별도 계약 없는 경우 무상A/S 법정기간은 12개월

건설기계 사업

- 건설기계 대여업 / 건설기계 정비업 / 건설기계 매매업 / 건설기계 폐기업
- 대통령령으로 정하며 시·군·구청장에게 등록 ★★★

❖ 매매업 등록을 하고자 하는 자의 구비서류로 맞는 것은?

① 하자보증금 예치증서 또는 보증보험증사 ② 건설기계 매매업등록필증

③ 건설기계 등록증 ④ 건설기계 보험증서

해설 : 매매업 등록 시 구비서류

① 하자보증금 예치증서 또는 보증보험증서

② 사무실 증명서

③ 주기장시설보유서

▣ 건설장비 정비업

- **종**합 / **부**분 / **전**문 건설기계 정비업 `TIP!` : 이게 전부종~
- **종합 정비업** 사업범위 : 롤러. 링크. 트랙슈의 재생, 프레임조정
  변속기 분해정비, 엔진 탈부착 및 정비
- **부분 정비업** 사업범위 : 프레임조정, 롤러.링크.트랙슈 재생을 제외한 차체 정비
- **전문 정비업** 사업범위 : 유압정비업, 원동기 전문 정비업으로 나뉜다.
- **원동기 정비업**은 유압장치 정비할 수 없다.

▣ 면허 취소 & 면허 정지 (1년 이내) - 시군구청장

- **고의로** 사망 중상 경상 - 면허취소
- **사망 1명** 정지 45일
- **중상 1명** 정지 15일(중상이란? 3주 이상 치료 필요한 부상)
- **경상 1명** 정지 5일
- **재산피해 50만원** 당 정지 1일(90일 최대 4500만원)
- **술에 취한 상태**(혈중 알콜 농도 0.03% 이상 ~ 0.08% 미만)에서 조종했다.
  면허정지 60일
- **고의 또는 과실로** 가스공급시설 손괴 또는 장애를 일으켜 가스공급을 방해한 때
  면허정지 180일

▣ 면허 취소 사유

- **거짓 부정** 방법으로 면허취득 - 취소
- **음주 후 조종**으로 죽거나 다치게 했다 - 취소
- **정신미약자, 마약, 알콜중독** - 취소
- **만취**(혈중 알콜 0.08% 이상) 상태로 조종 - 취소
- **2회 이상 음주로** 면허정지 상태에서 다시 음주 후 조종한 때 - 취소
- **약물투여** 후 조종 - 취소 / 면허정지기간 중에 조종했다 - 취소
- **면허증**을 타인에게 대여했다 - 취소

▣ 면허증의 반납

- **면허가 취소되면 사유가 발생한 날로부터 10일 이내 면허증 반납**
  ① 면허가 취소된 때
  ② 면허효력이 정지된 때
  ③ 분실로 재교부 받은 후 분실했던 면허증 발견했을 때 면허증 반납
    (but 해외 이주로 출국 시 반납의무 없음)

▣ 벌칙

- **과태료**
  ❖ **2만원**
    정기검사, 정기, 수시 적성검사 받지 않고 만료된 지 30일 이내다.

  ❖ **50만원**
    ① 임시번호판 미부착 운행 했다.
    ② 등록 변경 신고 안하거나 거짓으로 했다.
    ③ 등록 말소 신청 안했다.
    ④ 등록번호판 반납 안했다.
    ⑤ 공영주기장 설치 위반하여 건설기계를 세워둔 자

  ❖ **100만원**
    등록번호 부착, 봉인, 새기지 않은 자와 그것을 운행한 자

  ❖ **1년1천(1년 이하 징역 또는 1천만원 이하의 벌금)**
    ① 거짓 부정 등록
    ② 등록번호 지워 없애 식별 곤란
    ③ 정비 명령 불이행
    ④ 구조변경검사나 수시검사 받지 않은 자
    ⑤ 조종사 면허 없이 조종한 자

⑥ 조종면허 취소 후 계속 조종

⑦ 건설기계를 도로나 타인 토지에 방치

⑧ 폐기 인수 증명 서류 발급 거부, 거짓 발급

⑨ 폐기요청 미이행, 조종면허 부정 취득

⑩ 조종교육 이수 증빙서류 거짓 발급

❖ **2년2천(2년 이하 징역 또는 2천만원 이하의 벌금)**

① 등록 안된 건설기계 사용 / 운행

② 등록 말소 건설기계 사용 / 운행

③ 등록 없이 건설기계 사업을 한 자

④ 등록 취소 / 정지된 사업자로 계속 건설기계 사업을 한 자

⑤ 시·도지사로부터 지정받지 않고 등록번호판 제작 / 새긴 자

⑥ 법규 위반해 주요구조장치 변경 / 개조한 자

❖ **과태료 처분 불복 시 고지받은 날부터 60일 이내에 이의 제기해야한다. ★★★**

❖ **통고처분 수령거부하거나 범칙금을 기간 안에 납부하지 못한 자는**
즉결 심판에 회부한다.

2 도로교통법

▣ 주요 용어 및 빈출키워드

- **안전지대**는?
  도로를 횡단하는 보행자나 통행하는 차마의 안전을 위하여
  안전표지 등으로 표시된 도로의 부분

- 자동차의 승차정원은? 등록증에 기재된 인원이다.
- 자동차 전용도로는? 자동차만 다닐 수 있도록 설치된 도로다.

- 같은 방향으로 가고 있는 앞차의 뒤를 따를 때 갑자기 정지 시
  충돌 피할 수 있도록 확보하는 거리는 안전거리다.(제동거리 (×))

- 해상도로법의 항로는 도로교통법상의 도로가 아니다.

- 장비로 교량을 주행할 때는
  장비중량, 교량의 폭, 통과하중을 고려한다.(신속히 통과한다 (×))

- **긴급자동차**는?
  소방자동차, 구급자동차, 혈액공급차량
  국군이나 연합군 긴급차에 유도되고 있는 차
  (긴급배달 우편물 운송차에 유도되고 있는 차 (×))

- 통행의 우선순위는? 긴급자동차 - 일반자동차 - 원동기장치 자전거 순
- 긴급자동차 외 자동차 서로 간의 우선순위는 최고속도 순서다.

- 중앙선이 설치된 도로에서 차마는 중앙선 우측으로 통행한다.

- 도로의 중앙이나 좌측 부분을 통행할 수 있는 경우는?
  도로파손 시, 도로공사 시 또는 우측부분을 통행할 수 없을 때

- 일방통행에서 도로 중앙 좌측으로 통행하는 것은 위반이 아니다.
- 도로공사 등으로 장애물이 있을 때는
  진로변경 금지된 곳에서 진로변경을 할 수도 있다.

- 비탈진 좁은 도로에서는 내려가는 차 우선이다.
  (올라가는 차가 우측 가장자리로 양보)

- 비탈진 좁은 도로에서
  화물적재차량이나 승객 탑승한 차가 빈차보다 우선한다.
  (빈차가 우측 가장자리로 양보)

- 편도 4차로 일반도로 교차로30m 전방에서 우회전을 하려면?
  ★ 4차로로 통행한다.

- 자동차 전용 편도 4차로도로에서
  굴삭기와 지게차는 3, 4차로로 주행한다.

- 횡단보도, 교차로, 철길 건널목에는 차로를 설치할 수 없으며
  너비는 3m 이상으로 해야하나, 부득이한 경우 275cm 이상으로 할 수 있다.

- 승차인원과 적재중량 관하여
  안전기준 넘어 운행하고자 할 때 누구에게 허가 받아야? 출발지 경찰서장

- 1년 벌점 누산 점수 121점 이상이면? 운전면허 취소

- 교통사고를 내고 도주하는 차량을 신고 시
  벌점상계 특혜점수는 40점

- 타이어식 건설기계 좌석 안전띠는
  최소 30km/h 이상일 때 설치해야 한다.

- 총중량 2톤 미만인 차를 중량이 3배 이상의 차로 견인 시 규정속도는?

  시속 30km 이내(그 외의 경우 및 이륜자동차가 견인 시 시속 25km 이내)

▣ 감속 기준

- 비가내려 노면이 젖은 경우나 눈 20mm 미만 쌓인 경우

  → 100분의 20 감속
- 노면이 얼어붙거나 폭우.폭설.안개로 가시거리 100m 이내일 때

  눈이 20mm 이상 쌓인 경우 → 100분의 50 감속

▣ 앞지르기 금지

- 앞지르기 금지장소

  ① 교차로

  ② 터널안 다리위

  ③ 경사로 정상부근, 급경사의 내리막길

  ④ 도로 구부러진 곳(모퉁이)

  ⑤ 앞지르기 금지 표시가 있는 곳

- 앞지르기 금지 상황

  ① 앞차 좌측에 다른 차가 나란히 진행 시

  ② 앞차가 다른 차 앞지르고 있을 때

  ③ 앞차가 좌측으로 진로를 바꾸려고 할 때

  ④ 마주오는 차의 진행을 방해할 우려가 있을 때

▣ 일시정지 장소

① 교통정리 하고 있지 않은 곳
② 좌우 확인 불가능한 곳
③ 교통이 빈번한 교차로

▣ 서행해야 할 장소

① 교통정리 하고 있지 않는 교차로
② 도로가 구부러진 곳
③ 비탈길 고갯마루, 가파른 내리막길
④ 안전표지로 지정한 곳

▣ 교차로 통과방법

- 교차로에서 진로변경 시
가장자리 이르기 전 30m 이상 지점으로부터 방향지시등을 켠다.

- 교차로 부근에서 긴급자동차가 접근 시
교차로를 피하여 우측 가장자리에 일시정지 한다.
(교차로 우측단 일시정지 (×), 그대로 진행 (×))

- 교통정리가 행하여지고 있지 않는 교차로에서
우선순위 같은 차량이 동시에 교차로 진입한 때 우측 도로의 차가 우선한다.

- 신호등이 없는 교차로에서
좌회전하려는 버스와 그 교차로에 진입하여 직진하고 있는 건설기계가 있을 때
우선권은 건설기계에 있다.
(교차로에서는 먼저 진입하여 진행하고 있는 차가 우선권을 가진다.)

▣ 철길건널목 통과 방법

- 앞지르기 금지, 부근 주정차 금지
- 반드시 일시정지 후 안전함을 확인한 후 통과한다.
- 다만, 신호기가 표시하는 신호에 따르는 경우에는 정지하지 않고 통과할 수 있다.

  (일시정지 표시 없을 때는 서행하면서 통과한다. (×))

▣ 주정차 금지장소

- 교차로, 도로모퉁이로부터 5미터 이내,
- 안전지대 10미터 이내, 버스정류장 10미터 이내
- 횡단보도, 건널목 10미터 이내에서는 주정차 금지

  But 경사로 정상부근은 주정차 금지되어 있지 않다.

- 주차금지 장소

  터널안, 다리위 및 소방시설(소화, 경보, 피난 설비) 5미터 이내

  도로 공사 시 공사구역 양쪽 가장자리

▣ 교통신호

- 신호등 신호순서

적 황 녹색화살표 녹색의 4색 등화의 신호 순서는

녹색 ➡ 황색 ➡ 적색 및 녹색화살표 ➡ 적색 및 황색 ➡ 적색

적 황 녹의 3색 등화의 신호순서는
녹색(적색 및 녹색 화살표) ➡ 황색 ➡ 적색

- 신호 중 **경찰관의 수신호**가 **가장 우선**
- **서행 신호**는 팔을 차체 밖으로 내어 45도 위아래로 펴서 흔드는 것

- 운전자는 진행방향 변경 시 회전신호는 회전하려는 지점의 30m 전에서 한다.
- **교차로 전방 20m** 지점에 이르러 **황색등화**로 바뀌었다면?
  정지할 조치를 취하여 **정지선에 정지**한다.(주의하면서 진행한다 (×))

- **야간 등화**
  ❖ **야간에 주정차 시** 등화는 차**폭**등, **미**등 `TIP!` : **폭미**
  ❖ **야간에 견인**되는 차는 차**폭**등, **미**등, **번**호등 `TIP!` : **폭미번**
  ❖ 마주오는 차의 눈부심을 막기 위해 **전조등 변환빔을 하향**으로 한다.
  ❖ 최고속도 15km 미만의 타이어식 건설기계는 반드시 **후부반사기**를 갖춘다.

▣ 교통사고 처리 특례 12개 항목

① 신호 지시 위반 시고
② 중앙선 침범사고(고속도로 횡단 유턴 후진 포함)
③ 제한속도 초과 속도위반 사고
④ 앞지르기 위반 시고
⑤ 철길건널목 통과위반 사고
⑥ 횡단보도 보행자보호의무 위반사고
⑦ 무면허 운전사고
⑧ 음주운전사고
⑨ 보도침범사고

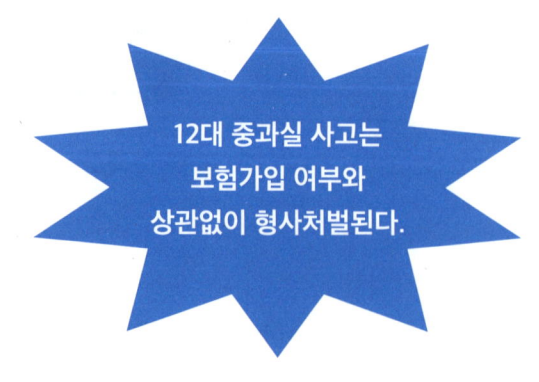

12대 중과실 사고는
보험가입 여부와
상관없이 형사처벌된다.

⑩ 승객추락방지의무(개문발차) 위반

⑪ 어린이보호구역(스쿨존) 의무 위반사고

⑫ 화물고정조치 위반 사고

▣ 운전면허와 운전가능 차량

- **1종 대형 면허** - 덤프, 믹서, 콘크리트펌프, 천공기(트럭적재식)

  아스팔트살포기, 노상안정기

  3톤 미만 지게차(도로운행용만)

  (지게차 운행 가능하다 (×), 골재살포기 (×), 콘크리트 살포기 (×))

- **1종 보통 면허** - 15인승 이하 승합차, 12인승 이하 긴급자동차

  적재중량 12톤 미만의 화물자동차

  총중량 10톤 미만의 특수자동차(트레일러 및 레커제외)

- **2종 보통 면허** - 10인승 이하 승합차, 적재중량 4톤 미만의 화물자동차

  총중량 3.5톤 미만의 특수자동차(트레일러 및 레커제외)

▣ 교통안전 표지 종류 TIP! : 지규주보노

★★★ **지**시표지, **규**제표지, **주**의표지, **보**조표지, **노**면표지 ★★★

▣ 도로중앙선

- 도로중앙선은 황색의 실선 또는 황색 점선으로 되어있다.
- 도로중앙선이 황색실선과 황색점선인 복선으로 되어있을 때

  점선쪽에서만 중앙선을 넘어 앞지르기 할 수 있다.

양재대로
Yangjae-daero   1 → 300

➢ **양재대로 : 도로이름**
➢ **1 : 도로의 시작점을 의미**
➢ **300 : 양재대로는 3km임을 나타냄**

- **대로** : 도로 폭이 **40m 이상 또는 왕복 8차선 이상**인 도로
- **로** : 도로 폭이 **12m 이상 40m 미만 또는 왕복 2차로 이상 8차로 미만**인 도로
- **길** : **<대로>와 <로>** 이외의 도로

기초번호판	건물번호판			
녹색로 1234	여의대로 Youi-daero 234	중앙로 35 Jungang-Ro	✉ 262 중앙로 Jungang-ro	ⓘ 34 세종로 sejong-ro
도로명과 건물번호 건물없는 도로에 설치	주거용	상업용	관공서용	문화재 관광용

❖ **도로구간은 서쪽에서 동쪽, 남쪽에서 북쪽으로 설정한다.**

← 신촌역   ↑ 연신내역   시청 →
⑦⓪ ← ⑥ 충정로
Chungjeong-ro
⑥ 새문안길
Saemunan-gil ❯
300m

좌회전 시 충정로의 끝지점,
우회전 시 새문안길 시작지점으로 간다.

7. 안전관리

▣ 재해와 재해예방

- 재해란? 사고의 결과로 인한 인명피해와 재산 손실
- 산업재해란? 근로자가 업무에 관계되는 원인, 작업, 업무로 인해
  사망, 부상, 질병에 걸리는 것

- 산업안전 3요소 : 기술적, 교육적, 관리적 요소
- 재해예방 4원칙 : 예방가능, 손실우연, 원인계기, 대책선정

- 폐기물은 정해진 위치에 모아두고, 공구는 정해진 장소에 둔다.
- 소화기 근처나 통로, 창문에는 물건을 적재하지 않는다.

- 건설산업 현장에서 재해 발생 원인은?
  불안전 행위(행동) 1위 / 불안전 조건 2위 / 불가항력 3위

▣ 사고 원인의 구분

- 직 직접적 원인 / 간 간접적 원인
  안전의식 부족 직 / 작업자체의 위험성 직
  불안전한 조명 직 / 방호장치 결함 직 / 안전수칙 미준수 직
  작업자의 피로(생리적원인 – 직) / 안전교육 부족 간 (작업의 용이성 (×))

▣ 사고의 직접적 원인

① 불안전행동(당사자 인적요인)
② 불안전한 작업태도, 위험장소 출입
③ 작업자의 실수, 안전수칙 미준수
④ 보호구 미착용, 작업자의 피로
⑤ 불안정한 환경
⑥ 기계의 결함, 방호장치의 결함
⑦ 불안전한 조명, 안전장치의 미흡

▣ 사고의 간접적 원인

① 안전교육 미비, 안전수칙 미수립
② 작업 중 안전관리 미흡
③ 가정환경, 사회불만 등
④ 직접원인 외의 요인

❖ 작업자는 작업 시 **안전수칙, 작업량, 기계공구 사용법을 숙지** 해야한다.
　(but 경영관리 파악은 작업자가 해야할 사항이 아니다.)

▣ 산업재해 분류 〈경상해와 중경상〉

- **경상해 : 부상으로 1일~7일 이하 노동상실**
- **중경상 : 부상으로 8일 이상 노동상실**
- **무상해 : 응급처치 이하 상처 작업 종사하면서 치료 가능한 정도**

❖ 응급처치 시 올바른 것은? 의식확인, 상처보호, 출혈 시 지혈한다.(격리한다 (×))

- 도시가스 공급지역 굴착 시 그림과 같은 판 발견했다면 이것은 보호판이다.

〈보호판〉

- 도시가스배관 지하 매설 시
  상수도관 등 다른 시설물과 이격거리는 30cm 이상

- 도시가스배관 매설 시
  라인마크는 배관길이 50cm 마다 설치
  (단, 도로법 상 도로지역은 20m 간격으로 설치할 수 있다)

- 가스배관 매설위치 확인 시
  배관주위 1m 이내는 인력으로 굴착

- 굴착공사 중 0.3m 깊이에서 물체발견 시
  이것은 도시가스 배관을 보호하는 보호관

- 시가지 도로 밑에 가스배관 매설 시 노면으로부터 배관의 외면까지
  1.5m 이상으로 해야하며, 시가지 외의 지역은 1.2m 이상으로 한다.

- 도로굴착 시 가스배관이 20m 이상 노출되면
  가스누출경보기를 20m마다 설치해야 한다.

- **도시가스 압력**
  - ❖ 고압 : 1MPa 이상
  - ❖ 중압 : 01MPa 이상 1MPa 미만
  - ❖ 저압 : 0.1MPa 미만

- **도시가스 배관 지하 매설 깊이**
  - ❖ 폭 8m 이상 도로 : 1.2m 이상
  - ❖ 폭 4m 이상 8m 미만 도로 : 1m 이상
  - ❖ 공동주택 부지 내 0.6m 이상

▣ 전기안전

〈애자 / 완금〉

- **고압선 위험표지시트의 직하에는 전력케이블 묻혀있다!**
  (굴착 중 발견 시 즉시 굴착 중지하고 해당시설기관에 연락)

- **지중전선로 직접 매설식의 최소 토관깊이는 0.6m 이상**

- **교류전기가 600V 초과하면 고전압이라 한다.**
- **전선로 부근에서 건설기계로 작업 시**
  사전에 인근 설비관련 소유자 또는 관리자에게 연락한다.(시군구청 (×), 경찰서 (×))

- 절연을 위해 전선을 기계적으로 고정시키기 위해 철탑의 완금에 설치하는 것은? **애자**
- 고압케이블의 **지하매설법 : 직매식, 관로식, 전력구식**(궤도식 (×))

- **차도에서 전력케이블**은 **1.2~1.5m 깊이**에 매설

- **육안으로 봤을 때 고압전선인가 무엇을 보고 판단하나?**
  - 현수애자의 개수로 판단
    (2~3개 22.9kV / 4~5개 66kV / 9~10개 154kV)

▣ 작업장 안전

- **연소의 3요소 : 가연성물질, 산소(공기), 점화원**

- **재해의 복합발생 원인** `TIP!` **: 시사환**
  재해는 **환**경, **사**람, **시**설의 결함이 복합되어 발생한다!(품질의 결함 (×))
- **재해발생 응급조치 순서**
  운전정지 - 구조 - 응급처치 - 2차 재해방지
  ❖ 엔진을 정지, 운전정지가 제일 먼저다.

- 사고발생 가능성을 **미연에 제거**하는 것이 **안전관리의 최우선 목표**!
- 선풍기에는 망 또는 울을 씌워 날개에 의한 위험을 방지한다.
  (역회전, 과부하방지장치한다 (×))
- 먼지가 많이 발생하는 장소에서 착용해야하는 마스크는? **방진마스크**
- 동력전달 장치에서 **가장 재해가 많이 발생**하는 것은? **벨트**(차축 (×) 피스톤 (×))
- **장갑**을 끼고 작업할 때 **위험**한 것은? **드릴작업, 해머작업**
- 드라이버 작업 시 작은 공작물은 손으로 잡고 작업한다. (×)
- 정 대신 드라이버를 사용한다. (×)
- 연삭작업 시 위험요소는 비산입자, 손이 말려 들어감, 회전숫돌 파손

▣ 화재분류 TIP! : 에일 비유 씨전 디금

- A급 : **열**반 가연성물질 - 포말, 산알칼리 소화기
- B급 : **유**류 및 가스 - 모래, 방화커튼 등 질식소화

  포말, 분말, CO2, 할론 소화기

  (물을 뿌리면 안된다)
- C급 : **전**기 - CO2소화기, 분말소화기, 할론소화기(포말소화기 (×))
- D급 : **금**속 - 건조모래, 흑연, 장석분(물을 뿌리면 안된다)
- K급 : 주방화재 - K급소화기

핵심기출

❖ 감전재해 발생 시 응급조치로 틀린 것은?

▶ 피해자 구출 후 상태가 심할 경우 인공호흡 등 응급조치를 한 후 작업에 임하도록 한다. [×]

▶ 심폐소생술 등 응급조치 후 즉시 병원으로 이송한다. [○]

❖ 안전보건표지를 제작할 때 규격과 거리가 가장 먼 것은?

① 모양　　② 색깔

③ 내용　　④ 표지판 재질

❖ 기계의 회전부위에 덮개를 설치하는 목적은?

① 좋은 품질을 위해

② 회전속도 향상

③ 제품제작과정의 보안

④ 회전부위 신체접촉 방지 (○)

❖ 22.9kV 배전선로에 접근하여 굴삭작업시 안전관리상 맞는 것은?

▶ 전력선이 활선인지 확인 후 안전조치 상태에서 작업한다.

❖ 작업장의 전기가 예고없이 정진이 되었을 때 전기로 작동하는 기계기구의 조치 방법으로 옳지 않은 것은?

① 즉시 스위치를 끈다.

② 퓨즈의 단선유무를 검사한다.

③ 안전을 위해 작업장을 정리해 둔다.

④ 전기가 들어오는 것을 알리기 위하여 스위치를 켜둔다.

❖ 화재예방 조치로 옳지 않은 것은?

① 유류취급 장소에는 방화수를 준비한다.

② 가연성 물질은 인화위험성이 있는 장소를 피한다.

③ 흡연은 정해진 장소에서만 한다.

④ 화기는 정해진 장소에서만 취급한다.

❖ 수공구를 이용 일상정비 시 부적절한 사항은?

① 수공구는 서랍 등에 잘 정리 정돈 한다.

② 수공구는 용도 외에 사용하지 않는다.

③ 수공구로 작업 시 손에서 놓치지 않도록 주의한다.

④ 작업속도를 빠르게 하기위해 장비 위에 올려놓고 사용한다.

❖ 유해광선으로 눈에 이상이 생겼을 때는

▶ 냉수로 씻어낸 냉수포를 얹거나 병원에 간다. (○)

  (알코올, 과산화수소로 씻는다. (×))

❖ 알칼리 또는 산성세척유가 눈에 들어갔을 때는

▶ 먼저 수돗물로 씻어낸다. (○)

❖ 소화 작업의 기본요소가 아닌 것은?

① 가연성 물질제거

② 산소 차단

③ 점화원 냉각

④ 연료를 기화시킨다.

❖ 유류 화재 시 소화방법으로 **가장 부적절한 것**은?

   ▶ **물을 부어 끄는 것!**

❖ 안전관리의 근본 목적으로 가장 적합한 것은?

   ① 생산과정의 효율화

   ② 생산량 증대

   ③ 생산시설의 고도화

   ④ 근로자의 생명과 신체의 보호 (○)

❖ 현장 작업자가 실시하는 안전점검과 가장 거리가 먼 것은?

   ① 장비 및 공구의 상태

   ② 안전보호구의 적정성 여부

   ③ 작업장 정리 정돈

   ④ 안전에 대한 방침수립 및 상황보고

❖ 산소 아세틸렌 가스용접의 토치점화 시

   ▶ **토치의 아세틸렌 밸브를 먼저 연다.**

   (산소밸브 먼저 연다 (×), 동시 연다 (×))

❖ 볼트 등을 조일 때 조이는 힘을 측정하기 위해 쓰는 렌치는?

   ① 토크렌치 (○)

   ② 오픈엔드 렌치

   ③ 소켓렌치

   ④ 복스렌치

❖ 복스렌치가 오픈렌치보다 많이 사용되는 이유는?

   ① 볼트, 너트 주위를 완전히 감싸 사용 중 미끄러지지 않는다. (○)

   ② 파이프 피팅 조임 등 작업 용도가 다양하다.

   ③ 가볍고 양손으로 모두 사용가능하다.

   ④ 값이 싸며 적은 힘으로 작업 할 수 있다.

복스렌치	오픈렌치

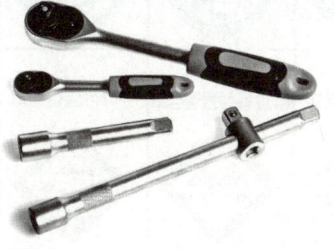 

복스렌치	오픈렌치

▣ 산업안전표지 `TIP!` : 안경금지!

- **안**내표지 : 바탕은 녹색 - 그림은 흰색(또는 바탕은 흰색 - 그림은 녹색)
- **경**고표지 : 바탕은 노란색, 기본 모형, 부호 및 그림은 검정색(예외 있음)
- **금**지표지 : 바탕은 흰색, 기본 모형은 빨간색, 부호 및 그림은 검정색
- **지**시표지 : 바탕은 파랑, 기호는 흰색

1 금지표지	101 출입금지	102 보행금지	103 차량통행 금지	104 사용금지	105 탑승금지	106 금연	107 화기금지
108 물체이동금지	2 경고표지	201 인화성물질경고	202 산화성물질경고	203 폭발성물질경고	204 급성독성물질경고	205 부식성물질경고	206 방사성물질경고
207 고압전기경고	208 매달린물체경고	209 낙하물경고	210 고온경고	211 저온경고	212 몸균형상실경고	213 레이저광선경고	214 발암성·변이원성·생식독성·전신독성·호흡기과민성물질 경고
215 위험장소 경고	3 지시표지	301 보안경착용	302 방독마스크착용	303 방진마스크착용	304 보안면착용	305 안전모착용	306 귀마개착용
307 안전화착용	308 안전장갑착용	309 안전복착용	4 안내표지	401 녹십자표지	402 응급구호 표지	403 들것	404 세안장치
405 비상용 기구	406 비상구	407 좌측비상구	408 우측비상구	5 관계자외 출입금지	501 허가대상물질작업장 관계자외 출입금지 (허가물질 명칭) 제조/사용/보관중 보호구/보호복 착용 흡연및 음식물 섭취 금지		502 석면취급/해체작업장 관계자외 출입금지 석면 취급/해체중 보호구/보호복 착용 흡연및 음식물 섭취 금지
503 금지대상물질의 취급 실험실 등 관계자외 출입금지 발암물질 취급중 보호구/보호복 착용 흡연및 음식물 섭취 금지	6 문자 추가시 예시문	화기엄금	- 내 자신의 건강과 복지를 위하여 안전을 늘 생각한다. - 내 가정의 행복과 화목을 위하여 안전을 늘 생각한다. - 내 자신의 실수로써 동료를 해치지 않도록 안전을 늘 생각한다. - 내 자신이 일으킨 사고로 인한 회사의 재산과 손실을 방지하기 위하여 안전을 늘 생각한다. - 내 자신의 방심과 불안전한 행동이 조국의 번영에 장애가 되지 않도록 하기 위하여 안전을 늘 생각한다.				

자주 나오는
빈출모의고사 문답암기

빈출모의고사 문제형 1회

001

지게차의 체인 장력 조정법이 아닌 것은?

① 손으로 체인을 눌러보고 양쪽이 다르면 조정 너트로 조정한다.

② 좌우 체인이 동시에 평행한가를 확인한다.

③ 포크를 지상에서 10~15cm올린 후 조정한다.

④ 조정 후 락너트를 락 시키지 않는다.

해 체인 장력 조정 후에는 락너트를 꼭 잠가준다. 락 (lock) 시킨다.

002

1KW 는 몇 PS 인가?

① 0.75 ② 1.36

③ 75 ④ 736

해 에너지 단위의 변환

- 미터마력은 PS (국제마력)이라 하고

  1PS = 0.735 KW 1KW = 1.36 PS이다.

- 반면에, 말한마리가 1초간 75kg.m의 일을 할 때 든 힘을 HP (영국마력)이라 하며

  1HP = 0.746 KW 1KW = 1.34 HP

- 동력 = 일 / 시간

      = 힘 X 거리 / 시간

      = 힘 X 속도

- 1와트(Wh)는 3600줄(J)

003

유압모터의 장점이 될 수 없는 것은?

① 소형, 경량으로 큰 출력을 낼 수 있다.

② 공기와 먼지 등이 침투하여도 성능에는 영향이 없다.

③ 변속, 역전의 제어도 용이하다.

④ 속도나 방향의 제어가 용이하다.

해 유압모터는 공기와 먼지 침투에 취약점이 있다.

004

등록번호표 제작자는 등록번호표 제작 등의 신청을 받은 날로부터 며칠 이내에 제작하여야 하는가?

① 3일 ② 5일

③ 7일 ④ 10일

해 사장님! 등록번호표는 7일이내 일주일 이내에 만들어주세요.

005

안전한 작업을 위해 보안경을 착용하여야 하는 작업은?

① 유니버설 조인트 조임 및 하체 점검 작업

② 전기저항 측정 및 배선 점검 작업

③ 엔진 오일 보충 및 냉각수 점검 작업

④ 납땜 작업

해 차량하부 작업 시 오일 이물질 등으로부터 눈보호를 위해 보안경을 착용한다.

006

타이어에서 트레드 패턴과 관련 없는 것은?

① 제동력

② 구동력 및 견인력

③ 타이어의 배수효과

④ 편평율

해 편평율은 타이어 단면의 높이와 폭의 비율로 트레드 패턴과 관계없다.

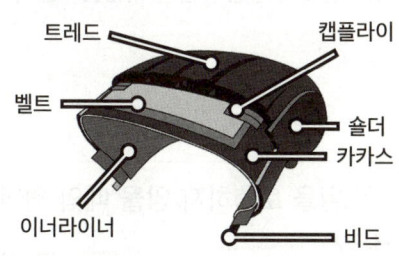

트레드
캡플라이
벨트
숄더
카카스
이너라이너
비드

007

지게차 주행 시 주의하여야 할 사항들 중 틀린 것은?

① 적하 장치에 사람을 태워서는 안 된다.

② 노면의 상태에 충분한 주의를 하여야 한다.

③ 짐을 싣고 주행할 때는 절대로 속도를 내서는 안 된다.

④ 포크의 끝을 밖으로 경사지게 한다.

해 포크끝을 밖으로 경사지게 하면 적하물이 떨어지거나 포크끝이 바닥에 닿을 위험이 있다.

008

도로교통법상 벌점의 누산 점수 초과로 인한 면허취소 기준 중 1년간 누산 점수는 몇 점인가?

① 121점   ② 190점

③ 201점   ④ 271점

해 벌점 누산 점수 초과로 인한 면허취소 기준

1년간 121점 이상

2년간 201점 이상

3년간 271점 이상 시 면허 취소

009

트랙의 링크 수가 38조 이면 트랙 부싱은 몇 개인가?

① 38   ② 36

③ 39   ④ 40

링크 수=부싱 수=핀 수 같다.

010

예열플러그를 빼서 보았더니 심하게 오염되어 있다. 그 원인은?

① 불완전 연소 또는 노킹

② 엔진 과열

③ 플러그의 용량 과다

④ 냉각수 부족

해 노킹이나 불완전 연소시 발생하는 탄소(그을음)으로 예열플러그가 심하게 오염된다.

011

지게차의 리프트 체인에 주유하는 가장 적합한 오일은?

① 엔진 오일 　　② 작동유

③ 그리스 　　④ 경유

해 지게차 리프트 체인 윤활에는 엔진오일(윤활유)를 사용한다.

012

디젤기관에서 상사점과 하사점 까지를 무엇이라고 하는가?

① 행정 　　② 소기

③ 과급 　　④ 사이클

해 디젤기관에서 상사점에서 하사점까지를 행정이라고 한다.

013

기관의 맥동적인 회전을 관성력을 이용하여 원활한 회전으로 바꾸어 주는 역할을 하는 것은?

① 크랭크축 　　② 피스톤

③ 플라이휠 　　④ 커넥팅로드

해 디젤엔진의 흡입-압축-동력-배기

TIP! : 흡압똥배

4행정 사이클을 통해 피스톤의 직선운동으로 생성된 동력은 원활하고 안정된 회전이 아니라 쿵쾅쿵쾅 맥박이 뛰는 것과 같다하여 맥동적 회전이며 이를 관성력을 이용하여 부드럽고 원활한 회전으로 바꾸어주는 것이 플라이휠이다.

014

지게차(1톤 이상)의 정기 검사 기간은 몇 년인가?

① 2년 　　② 4년

③ 3년 　　④ 1년

해 1톤 이상 지게차의 정기검사 기간은 2년이다.

015

펌프가 오일을 토출하지 않을 때의 원인으로 틀린 것은?

① 오일탱크의 유면이 낮다.

② 흡입관으로 공기가 유입된다.

③ 오일이 부족하다.

④ 토출측 배관 체결볼트가 이완되었다.

해 토출측 배관 체결 볼트 이완과 펌프 오일 토출 장애와는 관련이 없다.

016

유압이 규정치보다 높아질 때 작동하여 계통을 보호하는 밸브는?

① 릴리프 밸브　　② 카운터 밸런스 밸브

③ 시퀀스 밸브　　④ 리듀싱 밸브

🔵해 유압이 설정치보다 높을 경우 초과 유량을 우회하도록 설계하여 계통을 보호하는 밸브는 릴리프 밸브다.

017

유압회로의 속도제어회로와 관계없는 것은?

① 미터인회로　　　② 미터아웃회로

③ 블리드오프회로　④ 오픈센터회로

🔵해 유압회로의 속도제어회로에는 미터인, 미터아웃, 블리드오프회로가 있다.

018

다음 중 엑추에이터의 입구 쪽 관로에 설치한 유량제어밸브로 흐름을 제어하여 속도를 제어하는 회로는?

① 시스템 회로　　② 블리드 오프 회로

③ 미터 아웃 회로　④ 미터인 회로

🔵해 입구쪽-미터인, 출구쪽-미터아웃

- 유압회로란? : 유압기기를 서로 연결하는 유로 복잡하여 도면으로 표시한 것
- 종류 : 압력제어회로, 속도제어회로, 무부하회로(언로드)
❖ 압력제어회로 - 릴리프벨브로 알맞은 압력 제어
❖ 속도제어회로 - 유압모터/실린더 속도를 유량으로 제어
• 미터인
  - 엑추에이터 입구쪽 관로에 유량제어밸브로 속도제어
• 미터아웃
  - 엑추에이터 출구쪽 관로에 회로설치 실린더에서 유출되는 유량으로 속도제어
• 블리드오프
  - 실린더 입구 분기회로에 유량제어밸브 설치
  - 불필요 유압유 배출로 작동효율 증진
❖ 무부하회로(언로드회로)
  - 작업중 유량이 필요치 않게 되었을 때 오일을 저압으로 탱크에 귀환시켜 펌프를 무부하 시키는 회로

019

'신개발 시험' 연구 목적 운행을 제외한 건설기계의 임시 운행기간은 며칠 이내인가?

① 5일 ② 10일

③ 15일 ④ 20일

020

지게차 차체에 용접 시 주의 사항으로 틀린 것은?

① 용접부위에 인화될 물질이 없나를 확인 후 용접한다.

② 유리 등에 불똥이 튀어 흔적이 생기지 않도록 보호막을 씌운다.

③ 전기용접 시 필히 차체의 배터리 접지선을 제거한다.

④ 전기용접 시 접지선을 스프링에 연결한다.

해 전기용접 시에는 용접기 외함 및 피용접 모재에 보호 접지하며 스프링에 연결하지 않는다.

021

도로 굴착자는 공사 완료 후 도시가스 배관 손상방지를 위하여 최소한 몇 개월 이상 침하유무를 확인 하여야 하는가?

① 1개월 ② 2개월

③ 3개월 ④ 4개월

022

클러치의 용량은 기관 회전력의 몇 배 인가?

① 1.5 ~ 2.5 배 ② 3 ~ 5 배

③ 4 ~ 6 배 ④ 5 ~ 9 배

해 클러치가 전달할 수 있는 회전력의 크기는 엔진 회전력의 1.5배에서 2.5배가 적절하며 엔진출력이 클수록 클러치 판의 용량도 증가시켜야 미끄럼현상을 방지할 수 있다.

023

릴리프밸브에서 포펫밸브를 밀어 올려 기름이 흐르기 시작할 때의 압력은?

① 크래킹압력 ② 허용압력

③ 설정압력 ④ 전량압력

스프링이 달려 있는 포펫밸브

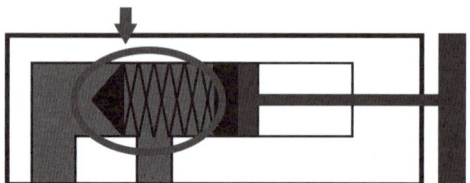

스프링이 달려 있는 포펫밸브

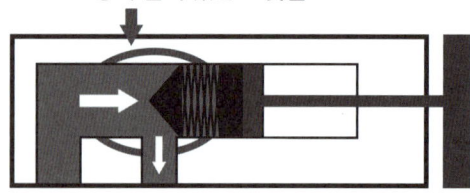

해 유압펌프압력이 상승하면 릴리프밸브의 포펫스프링을 밀어올려 일부오일을 오일탱크로 돌려보낸다. 이 때의 압력을 크래킹압력이라 한다.

024

전기공사 공사 중 긴급 전화번호는?

① 131 ② 116
③ 321 ④ **123**

025

지게차의 유압식 조향장치에서 조향실린더의 직선운동을 축을 중심으로 한 회전운동으로 바꾸어줌과 동시에 타이로드에 직선운동을 시켜 주는 것은?

① 마스트 ② 드래그링크
③ 스테빌라이저 ④ **벨크랭크**

026

과태료 처분에 대하여 불복이 있는 경우 며칠 이내에 이의를 제기하여야 하는가?

① 처분의 고지를 받은 날로부터 30일 이내
② 처분이 있는 날로부터 60일 이내
③ 처분이 있는 날로부터 30일 이내
④ **처분의 고지를 받은 날로부터 60일 이내**

027

시동을 멈추기 위한 방법으로 가장 적합한 것은?

① **연료공급을 차단한다.**
② 축전지에 연결된 전선을 끊는다.
③ 기어를 넣어서 기관을 정지시킨다.
④ 초크밸브를 닫는다.

해 기관(엔진)이 가동 중 연료공급이 차단되면 시동이 멈춘다. 따라서 운행 중 시동이 꺼졌다면 연료공급 계통에 문제가 생겼음을 유추할 수 있다.

028

디젤기관에서만 사용되는 장치는?

① **분사펌프** ② 오일펌프
③ 연료펌프 ④ 라디에이터

해 디젤엔진의 원리는 연소실에 흡입된 공기가 압축되면서 온도가 올라가면 분사장치에 의해 연료를 안개처럼 무화시켜 분사함으로써 폭발이 일으키는 자연착화 방식이다.

029

다음 중 유압모터 종류에 속하는 것은?

① **플런저 모터** ② 무부하 모터
③ 터빈 모터 ④ 디젤 모터

해 **유압모터의 종류**

TIP! : 기로베플

(**기**어형, **로**터리형, **베**인형, **플**런저형)

030

기관에서 흡입효율을 높이는 장치는?

① 과급기　　　　② 발전기

③ 토크컨버터　　④ 축압기

해 과급기(터보차저)는 엔진의 실린더 내부에 더 많은 외부 공기를 강제로 밀어 넣어 흡입효율을 높이는 기계장치이다.

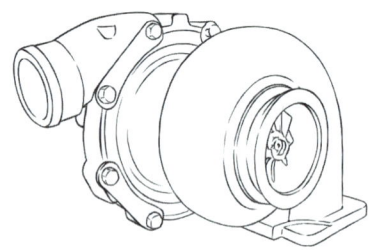

〈과급기(터보차저 Turbocharger)〉

031

디젤 기관에서 발생하는 진동 소음의 원인이 아닌 것은?

① 분사시기의 불량

② 분사압력의 불량

③ 분사량의 불량

④ 프로펠러 샤프트의 불량

해 연료분사와 관련된 기관(엔진) 연소계통의 불량은 진동소음의 원인이 된다. 프로펠러 샤프트의 불량은 차체 진동을 가져오나 기관(엔진)의 진동 소음과는 관련이 없다.

032

4행정 기관에서 많이 쓰이는 오일펌프의 종류는?

① 기어식, 로터리식, 베인식

② 플런저식, 기어식, 나사식

③ 기어식, 플런저식, 나사식

④ 로터리식, 나사식, 베인식

해 4행정 기관 오일펌프의 종류도 **TIP! : 기로베플** (**기**어형, **로**터리형, **베**인형, **플**런저형)

033

다음 중 무한궤도식 건설기계의 트랙 슈의 종류가 아닌 것은?

① 단일돌기 슈　　② 3중 돌기 슈

③ 2중 돌기 슈　　④ 4중 돌기 슈

해 트랙 슈의 종류

－ 단일, 2중, 3중 돌기 슈, 고무 슈, 습지용 슈, 평활 슈, 암반용 슈 등이 있다.

034

진공식 제동 배력장치의 설명 중에서 옳은 것은?

① 릴레이 밸브 피스톤 컵이 파손되어도 브레이크는 듣는다.

② 릴레이 밸브의 다이어프램이 파손되면 브레이크는 듣지 않는다.

③ 하이드로릭, 피스톤의 체크 볼이 밀착불량이면 브레이크가 듣지 않는다.

④ 진공밸브가 새면 브레이크가 전혀 듣지 않는다.

해 진공식 배력장치는 제동력을 배가시키기 위한 장치로 고장 시에도 유압브레이크를 작동시킬 수 있으므로 브레이크가 듣는다.

035

1종 대형면허로 운전할 수 없는 장비는?

① 콘크리트 믹서트럭   ② 아스팔트 살포기

③ 3톤 미만의 지게차   ④ 콘크리트 피니셔

해 1종 대형면허로 조종 가능한 건설기계
- ✔ 덤프트럭, 믹서트럭
- ✔ 아스팔트 살포기, 노상안정기
- ✔ 콘크리트펌프카, 트럭적재식 천공기
- ❖ 콘크리트 피니셔 X
- ❖ 콘크리트 살포기 X

036

다음 중 최고속도 15km/h 미만의 타이어식 건설기계가 갖추어야 할 조명이 아닌 것은?

① 전조등   ② 제동등

③ 후부반사판   ④ 번호등

해 최고속도 15km/h 미만의 타이어식 건설기계가 갖추어야 할 조명

TIP! : 전제반반

(전조등, 제동등, 후부반사기, 후부반사판)

최고속도 15km/h 이상 50km 미만 타이어식 건설기계가 갖추어야 할 조명

TIP! : 전제반반+폭미번

(차폭등, 후미등, 번호등)

037

AC(교류)발전기의 출력은 무엇을 변화시켜 조정하는가?

① 로터 전류   ② 축전지 전압

③ 스테이터 전류   ④ 발전기의 회전속도

해 교류발전기에서 로터는 자속을 만드는 부분이다. 슬립링에 접촉된 브러시를 통하여 로터코일에 흐르는 전류를 변화시켜 출력을 조정한다.

038

유압실린더 등이 중력에 의한 자유낙하를 방지하기 위해 배압을 유지하는 압력제어 밸브는?

① 카운터 밸런스 밸브

② 언로드 밸브

③ 시퀀스 밸브

④ 감압 밸브

해 자유**낙하** 방지

– 카운터 **밸런스** 밸브

TIP! : 낙하한다! 밸런스 잘 잡아라~

039

전선을 철탑의 완금(ARP)에 고정시키고 전기적으로 절연하기 위하여 사용하는 것은?

① 애자   ② 클램프

③ 완철   ④ 가공전선

040

기관에서 크랭크축 기어와 캠축 기어와의 지름비 및 회전비는 각각 얼마인가?

① 지름비 1 : 2   회전비 2 : 1

② 지름비 2 : 1   회전비 2 : 1

③ 지름비 1 : 2   회전비 1 : 2

④ 지름비 2 : 1   회전비 1 : 2

해 • 기어(톱니바퀴)크기가 캠축이 크랭크축보다 2배 크다. 지름비는 크랭크축 1 : 캠축 2

• 회전비는 캠축이 한번 회전할 때 크랭크축은 두번 회전하므로 크랭크축 2 : 캠축 1

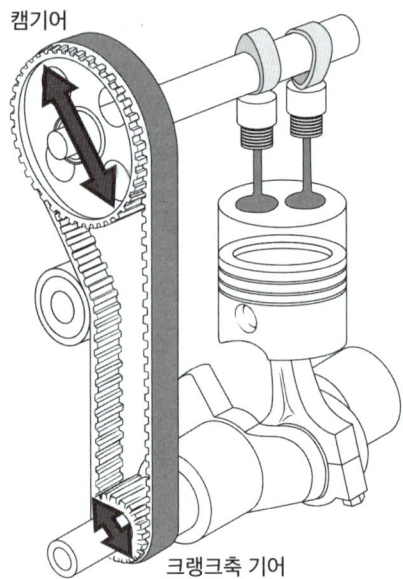

캠기어

크랭크축 기어

041

유압펌프 내 오일의 내부 누설은 무엇에 반비례하여 증가하는가?

① 작동유의 온도　② 작동유의 기포

③ 작동유의 압력　④ 작동유의 점도

해 내부 누설(오일이 샌다는 것)은 (유압)작동유가 묽어지는 것과 비례한다. 점도란 오일의 뻑뻑한 정도이므로 점도와 오일 내부누설은 반비례 관계가 된다.

(오일뻑뻑 - 점도상승 - 내부누설감소 - 반비례)

042

기관에서 워터펌프의 역할로 맞는 것은?

① 기관의 냉각수를 순환시킨다.

② 정온기 고장 시 자동으로 작동하는 펌프이다.

③ 기관의 냉각수 온도를 일정하게 유지한다.

④ 냉각수 수온을 자동으로 조절한다.

해 워터펌프의 주요 역할은 냉각수 순환이다.

043

다이오드의 냉각장치로 맞는 것은?

① 히트 싱크　② 엔드 프레임

③ 냉각 팬　④ 냉각 튜브

해 히트싱크(방열판)는 방열면적을 넓혀서 열이 골고루 퍼져서 냉각시키는 역할을 한다.

044

디젤기관에서 흡입밸브와 배기밸브가 모두 닫혀 있을 때는?

① 동력행정　② 배기행정

③ 흡입행정　④ 압축행정

해 압축을 위해서는 흡기 배기밸브 모두 닫혀 있어야 한다.

045

록킹볼이 불량하면 어떻게 되는가?

① 기어가 빠지기 쉽다.

② 변속할 때 소리가 난다.

③ 기어가 이중으로 물린다.

④ 변속레버의 유격이 커진다.

해 록킹볼은 변속기의 기어가 결합 후 빠지는 것을 방지하는 부품이다.

046

방열기에 연결된 보조탱크의 역할을 설명한 것으로 가장 적합하지 않은 것은?

① 냉각수의 체적 팽창을 흡수한다.

② 장기간 냉각수 보충이 필요 없다.

③ 오버플로(over flow)되어도 증기만 방출된다.

④ 냉각수 온도를 적절하게 조절한다.

해 냉각수 온도를 적절하게 조절하는 역할을 하는 것은 수온조절기(써모스탯 thermostat)이다. 정온기라고도 한다.

047

변속기의 필요조건이 아닌 것은?

① 무부하   ② 역전이 가능

③ 회전력의 증대   ④ 회전수의 증대

해 변속기 톱니바퀴들의 뭉치라 생각하면 된다. 변속기는 엔진에서 생산된 일정한 회전수(출력)를 톱니바퀴의 조합으로 회전력(힘, 토크)을 발휘하도록 해주지만 회전수(출력)는 엔진에서 결정되는 조건이지 변속기로 결정되는 조건은 아니다.

048

크랭크 케이스를 환기하는 목적은?

① 오일의 슬러지 형성을 막으려고

② 출력 손실을 예방하기 위하여

③ 크랭크 케이스의 청소를 용이하게 하려고

④ 오일 증발을 막으려고

해 크랭크 케이스를 환기하지 않으면 오일 슬러지가 쌓인다.

049

기관에서 터보차저에 대한 설명으로 틀린 것은?

① 흡기관과 배기관 사이에 설치된다.

② 과급기라고도 한다.

③ 기관 출력을 증가시킨다.

④ 배기가스 배출을 위한 일종의 블로워(blow-er)이다.

해 터보차저(과급기)는 배기가스를 이용하여 터빈을 돌려 흡기 쪽으로 더 많은 압축공기를 불어넣어 엔진 출력을 증가 시키는 장치이지 배기가스 배출을 위한 장치가 아니다.

050

블래드식 축압기의 고무주머니에 들어가는 물질은?

① 메탄   ② 그리스

③ 에틸렌 글린콜   ④ 질소

051

제어밸브 설명으로 틀린 것은?

① 일의 크기 - 압력제어밸브

② 일의 방향 - 방향제어밸브

③ 일의 속도 - 유량제어밸브

④ 일의 시간 - 속도제어밸브

해 유압밸브계통에서 일의 크기는 압력으로 속도는 유량으로 제어하므로 유량제어밸브를 속도 제어밸브라고도 부른다. 하지만 일의 시간은 타이머 장치 등으로 조절해야 한다.

052

유압회로의 압력을 점검하는 위치로 가장 적당한 것은?

① 유압 펌프에서 컨트롤 밸브 사이

② 유압 오일 탱크에서 유압 펌프 사이

③ 실린더에서 유압 오일 탱크 사이

④ 유압 오일 탱크에서 직접 점검

해 유압회로 압력점검은 TIP! : 펌컨사이 ~ 펌컨사이! (펌프와 컨트롤 밸브 사이)

053

도시가스 작업 중 브레이커로 도시가스관을 파손 시 가장 먼저 해야 할 일과 거리가 먼 것은?

① 소방서에 연락한다.

② 브레이커를 빼지 않고 도시가스 관계자에게 연락한다.

③ 차량을 통제한다.

④ 라인마크를 따라가 파손된 가스관과 연결된 가스밸브를 잠근다.

해 가스배관 파손 당사자인 굴착기 작업자는 본인이 해결하려고 섣불리 행동하지 말고 도시가스관계자, 소방서에 연락하고 차량을 통제한다.

054

다음 중 앞지르기 금지장소가 아닌 곳은?

① 교차로　　② 터널 안

③ 다리 위　　④ 버스정류장 부근

해 앞지르기 금지장소(TIP! : 교터다)-교차로, 터널안, 다리위, 그 밖에 도로 구부러진 곳, 비탈길의 고갯마루, 가파른 내리막 등 지방경찰청장이 필요를 인정하는 곳으로 안전표지로 지정한 곳

055

어큐물레이터(축압기)의 사용 목적이 아닌 것은?

① 압력보상

② 충격압력 흡수

③ 유체의 맥동 감소

④ 유압회로 내의 압력상승

해 어큐물레이터(축압기)는 유압에너지를 축적 충격압력을 흡수하고 맥동을 감소시켜 유압회로를 보호하며 유압 펌프작동 없이도 순간적으로 유압을 전달하도록 압력을 보상하고 저장하는 장치다. 유압회로 내 압력상승은 축압기 사용의 목적이 아니다.

056

엔진에서 라디에이터의 방열기 캡을 열어 냉각수를 점검했더니 기름이 떠있었다. 그 원인으로 맞는 것은?

① 실린더헤드 가스켓 파손

② 밸브 간격 과다.

③ 압축압력이 높아 역화 현상

④ 피스톤링과 실린더 마모

해 냉각수에 기름(오일)이 둥둥 떠 있다면 실린더 헤드 가스켓 파손으로 엔진오일이 새어나와 물재킷의 냉각수와 섞이는 경우 발생하는 현상이다.

057

도로굴착 작업 중 황색 가스 보호포가 발견되었을 때 보호포로부터 몇 m 밑에 배관이 있는가? (단, 배관의 심도는 1.2m)

① 60cm ② 1.5m

③ 90cm ④ 30cm

해 도로굴착 시 황색 가스 보호포가 나온 경우(배관 심도가 1.2m인 경우) 도시가스 배관은 그 보호포로부터 최소 60cm 이상 깊이에 매설되어 있음을 뜻한다.

058

토크 컨버터의 최대 회전력의 값을 무엇이라 하는가?

① 토크 변환비 ② 감속비

③ 회전비 ④ 변속기어비

해 토크컨버터는 보통 자동변속기에 장착되는데 유체 클러치에 스테이터를 추가로 설치하여 회전력을 증대시키며 엔진의 동력을 유체의 운동에너지로 변환시켜 변속기에 전달하는 장치다.

토크비는 입력 토크와 출력 토크의 비를 나타낸 것이고 스톨 포인트(stall point, 속도비가 0이되어 터빈이 정지하는 지점)에서 토크변환비가 가장 크고 회전력은 최대가 된다.

- 토크변환비(토크비) = 터빈축의 토크(출력) / 펌프측의 토크(입력)
- 속도비 = 터빈축의 회전속도 / 펌프측의 회전속도

059

작업 후 탱크에 연료를 가득 채워주는 이유가 아닌 것은?

① 연료의 기포방지를 위해서

② 내일의 작업을 위해서

③ 연료탱크에 수분이 생기는 것을 방지하기 위해서

④ 연료의 압력을 높이기 위해서

해 작업 후 연료 기포방지와 연료탱크 내 수분 방지, 추후 작업을 위해 연료를 가득 채워 준다.

060

기관이 과열되는 원인이 아닌 것은?

① 분사시기의 부적당

② 냉각수 부족

③ 물재킷 내의 물때 형성

④ 팬벨트의 장력 과다

해 기관 과열 원인에는 냉각장치(라디에이터) 이상, 냉각수 부족, 물재킷 물 때 형성, 과부하 운전, 분사 시기 부적당 등이 있다. 팬벨트가 느슨해질 경우 냉각장치 가동 불량으로 기관 과열 원인이 될 수 있으나 장력이 과다한 것과는 관련이 적다.

빈출모의고사 문제형 2회

001

전조등의 좌우 램프 간 회로에 대한 설명으로 맞는 것은?

① 병렬로 되어 있다.

② 병렬과 직렬로 되어 있다.

③ 직렬로 되어 있다.

④ 직렬 또는 병렬로 되어 있다.

해 전조등 좌우램프는 병렬로 연결되어 있다.

002

보통 지게차의 장비중량에 포함되지 않는 것은?

① 연료   ② 냉각수

③ 그리스   ④ 운전자

해 장비중량에 운전자는 포함되지 않는다.

003

지게차를 주차할 때 유의사항으로 틀린 것은?

① 엔진 정지 후 주차브레이크 작동시킨다.

② 포크의 앞쪽 끝부분이 지면에 닿도록 마스트를 전방으로 적절히 틸딩한다.

③ 포크를 지면까지 완전히 하강시킨다.

④ 시동을 끈 후 키를 그대로 둔다.

해 시동을 끈 후에는 반드시 키를 제거한다.

004

지게차의 작업장치 중 둥근목재나 파이프를 작업하는데 적합한 것은?

① 드럼클램프   ② 포크포지셔너

③ 로드 스테빌라이저 ④ 힌지드포크

해 힌지드포크(hinged fork)는 둥근목재나 파이프를 작업하는데 적합

005

지게차의 유압식 조향장치로 조향실린더의 직선운동을 회전운동으로 바꾸고 타이로드를 직선운동을 시키는 장치는?

① 마스트   ② 드래그링크

③ 스테빌라이저   ④ 벨크랭크

해 유압식 조향장치에서 실린더의 직선운동을 회전운동으로 바꾸고 타이로드를 직선운동 시키는 것은 밸크랭크의 역할이다.

006

지게차의 작업용도에 따른 작업 장치의 분류 중 틀린 것은?

① 하이 마스트　　　② 힌지드 버킷

③ 사이드 시프트　　④ 카운터 밸런스

해 하이마스트는 높은 위치 작업 시, 힌지드 버킷은 포크 대신 버킷을 설치 흘러내리기 쉬운 물건 흐트러진 물건을 운반 시 사용, 사이드 시프트는 포크 위치를 조정하여 컨테이너 등 좁은 공간의 하역작업에 적합한 작업장치이다.

007

지게차에서 포크간격을 조절할 수 있는 장치를 무엇이라 하는가?

① 포크 클램프　　　② 포크 포지셔너

③ 사이드 시프트　　④ 프리 리프트 마스트

해 흔히 자동발이라 부르는 포크포지셔너는 좌/우 포크의 간격을 유압 실린더로 자동으로 신속하게 조정할 수 있어 다양한 크기의 하물을 빠르게 처리할 수 있다.

008

지게차에서 틸트실린더의 역할은?

① 마스트 전후 경사　② 차체 좌우 회전

③ 차체수평유지　　　④ 포크 상하 이동

해 틸트실린더는 마스트를 전후 경사시키는 역할을 한다.

009

복스렌치가 오픈렌치보다 많이 사용되는 이유는?

① 볼트,너트 주위를 완전히 감싸 사용 중 미끄러지지 않는다.

② 파이프 피팅 조임 등 작업 용도가 다양하다.

③ 가볍고 양손으로 모두 사용가능하다.

④ 값이 싸며 적은 힘으로 작업 할 수 있다.

해 복스렌치(box wrench)는 볼트,너트 주위를 완전히 감싸 사용 중 미끄러지지 않기 때문에 오픈렌치보다 많이 사용된다.

010

신호등이 없는 철길건널목에서 통과방법으로 옳은 것은?

① 차단기가 올라가 있으면 그대로 통과한다.

② 차단기가 올라가 있지 않으면 일시 정지하지 않아도 된다.

③ 일시정지하지 않아도 좌우 살피면서 서행하여 통과한다.

④ 반드시 일시정지한 후 안전을 확인 후 통과한다.

해 철길건널목에서는 반드시 일시정지 후 안전확인 후 통과한다.

011

도로 교통법상 앞지르기 금지 장소가 아닌 곳은?

① 교차로, 도로의 구부러진 곳

② 비탈길의 고갯마루 부근, 가파른 비탈길의 내리막

③ 터널 안

④ **버스정류장 부근의 주차금지구역**

해 **앞지르기 금지장소**

- 교차로, 터널안, 다리위, 도로의 구부러진 곳, 비탈길의 고갯마루 부근, 가파른 비탈길의 내리막 등

012

운전중인 기관의 에어클리너가 막혔을 때 나타나는 현상은?

① **배출가스 색은 검고 출력은 저하된다.**

② 배출가스 색은 희고 출력은 정상이다.

③ 배출가스 색은 청백색이고, 출력은 증가한다.

④ 배출가스 색은 무색이고, 출력은 저하된다.

해 **에어클리너가 막히면 검은색 배출가스가 배출되며 출력이 저하된다.**

013

일반적으로 기관에 많이 쓰는 윤활 방법은?

① **압송 급유식**　　② 수동 급유식

③ 적하 급유식　　④ 분무 급유식

해 **일반적으로 압송급유식이 기관(엔진) 윤활에 많이 쓰인다.**

014

도로교통법상 주정차 금지 장소가 아닌 것은?

① 건널목　　② 교차로

③ 횡단보도　　④ **경사로의 정상부근**

해 **주정차 금지장소**

- 교차로, 도로모퉁이로부터 5미터 이내, 안전지대 10미터 이내, 버스정류장 10미터 이내 횡단보도, 건널목 10미터이내에서는 주정차 금지 But 경사로 정상부근은 주정차 금지되어 있지 않다.

015

건설기계를 매수한 사람이 등록사항 변경신고를 하지 않아 매도인이 독촉하였으나 이를 계속 지체할 경우 매도인이 할 수 있는 조치로 가장 적합한 것은?

① **매도한 사람이 직접 소유권이전 신고를 한다.**

② 재차 독촉한다.

③ 소송을 통해 해결한다.

④ 아무런 조치를 하지 않는다.

해 **매수한 사람이 등록사항 변경신고를 하지 않아 매도인이 독촉하였으나 이를 계속 지체할 경우 매도한 사람이 직접 소유권이전 신고를 할 수 있다.**

016

소화작업의 기본요소가 아닌 것은?

① 가연성 물질제거 ② 산소 차단

③ 점화원 냉각 ④ 연료를 기화시킨다.

🔷 연료를 기체화시키면 더욱 불안정한 위험한 상태가 된다.

017

디젤 기관에서 시동이 되지 않는 원인으로 맞는 것은?

① 배터리 방전으로 교체가 필요한 상태이다.

② 연료공급 펌프의 압력이 높다.

③ 가속페달과 클러치 페달을 밟고 시동하였다.

④ 크랭크축 회전 속도가 빠르다.

🔷 처음 시동이 되지 않는 것은 배터리(축전지)와 기동전동기 계통의 문제를 예상해 볼 수 있다.(하지만 엔진 가동 중 시동꺼짐 현상은 연료계통의 문제로 유추할 것)

018

기관의 냉각팬에 대한 설명 중 틀린 것은?

① 유체커플링식은 냉각수의 온도에 따라 작동한다.

② 전동팬은 냉각수의 온도에 따라 작동된다.

③ 전동팬의 작동과 상관없이 물펌프는 항상 회전한다.

④ 기관의 냉각팬이 작동하지 않을 때 물펌프도 회전하지 않는다.

🔷 모터로 구동되는 전동팬은 물펌프 구동과는 별개로 냉각수 온도가 높을 때만 작동한다.

019

용접기에서 사용되는 아세틸렌 도관은 어떤 색으로 구별하는가?

① 녹색 ② 청색

③ 적색 ④ 흑색

🔷 녹색-산소(용기/도관), 청색-이산화탄소, 적색-아세틸렌(도관), 황색-아세틸렌(용기)

020

운전 중 안전점검 사항으로 적절한 것은?

① 이상한 냄새, 소음, 진동이 날때는 즉시 정지하고, 전원 OFF

② 작업 속도를 높이기 위해 작업범위 이외 기계도 동시 작동

③ 정상가동 어려운 상황에서는 중속회전 상태로 작업

④ 빠른 작업 시에는 일시적으로 안전 장치 제거

🔷 운전 중 소음, 진동, 냄새 등 이상 발견 시에는 즉시 정지하여 전원을 끈다.

021

타이어식 건설기계에서 타이어 접지압 표시는?

① 공차무게 / 접지면적

② (공차무게 + 운전자무게) / 접지면적

③ 공차무게 / 접지길이

④ 작업장치의 무게 / 접지면적

🔷 타이어가 접지하고 있는 단위면적당 가해지는 차량중량을 타이어 접지압으로 표시하고 이는 공차무게 / 접지면적이다.

022

라디에이터 구비조건으로 틀린 것은?

① 냉각수가 잘 흐르도록 저항이 적을 것

② 강도가 크고, 소형이며 가벼울 것

③ 단위 면적당 발열량이 클 것

④ 공기 저항이 클 것

해 공기저항은 작아야 한다.

023

납산축전지에서 극판수를 늘리면 어떻게 되는가?

① 전압이 높아진다.

② 전압이 낮아진다.

③ 전해액 비중이 커진다.

④ 용량이 커진다.

해 납산축전지의 극판수를 늘리면 용량(Ah)이 커진다.

024

유압장치 내 국부적 높은 압력과 이상 소음진동이 발생하는 현상은?

① 오버랩   ② 하이드로 록킹

③ 캐비테이션   ④ 필터링

해 유압장치 내 국부적 높은 압력과 이상 소음진동이 발생하는 현상은 캐비테이션 현상(공동현상)

025

방향제어 밸브의 종류가 아닌 것은?

① 셔틀밸브   ② 체크밸브

③ 스풀밸브   ④ 교축밸브

해 **방**향제어 밸브

TIP! : 방체감스셔

(**체**크밸브, **감**속밸브, **스**풀밸브, **셔**틀밸브)

026

압력제어 밸브의 종류가 아닌 것은?

① 카운터 밸런스 밸브

② 리듀싱밸브

③ 언로드밸브

④ 셔틀밸브

해 **압**력제어 밸브

TIP! : 압카리릴무시

(**카**운터밸런스, **리**듀싱(감압), **릴**리프, **무**부하(언로드), **시**퀀스밸브)

유량(속도)제어 밸브

TIP! : 유스압온니분

(**스**로틀, **압**력보상, **온**도압력보상, **니**들, **분**류밸브)

027

냉각팬의 밸트 유격이 너무 크면 어떤일이 발생하는가?

① 기관과열의 원인이 된다.

② 베어링 마모가 심해진다.

③ 강한 텐션으로 밸트가 절단된다.

④ 점화시기가 빨라진다.

해 냉각팬의 밸트 유격이 헐거워지면 냉각수 순환에 문제가 생겨 제대로 냉각시켜주지 못하게 되고 이는 기관과열의 원인이 된다.

028

디젤기관에서만 사용되는 장치는?

① 충전회로　　② 시동회로

③ 전조등 회로　　④ 예열플러그회로

해 예열플러그회로는 디젤기관에만 해당된다.

029

디젤기관의 연료계통에서 고압부분은?

① 인젝션 펌프와 노즐사이

② 연료필터와 탱크사이

③ 탱크와 공급펌프사이

④ 인젝션펌프와 탱크사이

해 연료탱크에서 분사(인젝션)노즐까지 연료순환 순서는 연료탱크 - 연료공급펌프 - 연료필터 - 분사펌프 - (고압부) - 분사노즐 순이다.

030

디젤기관의 구비조건에 속하지 않는 것은?

① 발열량이 클 것

② 연소속도가 느릴 것

③ 카본 발생이 적을 것

④ 착화지연이 없을 것

해 연소 속도는 빨라야 착화지연에 의한 노킹 발생이 적다.

031

브레이크가 잘 작동되지 않을 때의 원인으로 가장 거리가 먼 것?

① 브레이크 라이닝에 오일이 묻었다.

② 휠 실린더오일이 누출되었다.

③ 브레이크 드럼의 간극이 크다.

④ 브레이크 페달 자유 간극이 적다.

해 브레이크 페달의 자유간극은 페달을 끝까지 밟았을 때의 유격으로 자유간극이 크면 브레이크가 잘 작동되지 않는다.

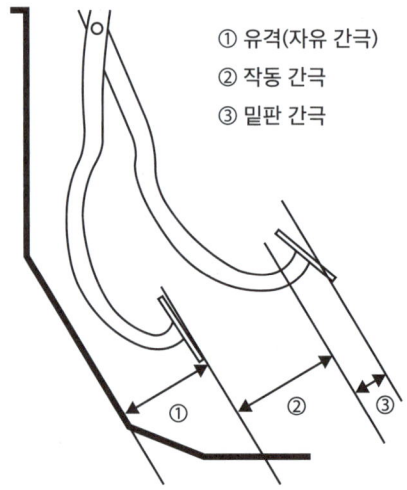

① 유격(자유 간극)
② 작동 간극
③ 밑판 간극

032

클러치 라이닝 구비조건 중 틀린 것?

① 내마멸성, 내열성 적을 것

② 알맞은 마찰계수 가질 것

③ 내식성이 클 것

④ 온도에 의한 변형이 적을 것

해 클러치 라이닝은 마멸과 열에 강해야 하므로 내마멸성, 내열성이 커야 한다.

033

클러치 차단이 불량한 원인으로 틀린 것?

① 토션스프링 약화 ② 페달의 유격 과대

③ 클러치판 흔들림 ④ 릴리스 레버의 마멸

해 클러치는 기관과 변속기 사이에서 엔진 출력을 변속기에 전달하거나 차단하는 역할을 한다. 클러치 페달의 유격이 과다하거나, 클러치판의 흔들림, 릴리스레버 마멸 시 클러치 차단이 불량해진다. 토션스프링은 댐퍼 스프링이라고도 하며 클러치가 플라이 휠과 접속될 때 충격을 흡수하는 역할을 하는 부품이다.

034

토크 컨버터 동력전달 매체는?

① 클러치판 ② 유체

③ 기어 ④ 터빈

해 토크 컨버터는 엔진의 동력을 유체를 매개로 전달한다.

035

자동변속기 과열원인이 아닌 것?

① 메인 압력이 높다.

② 운전시 과부하

③ 오일 점도가 낮다.

④ 변속기 오일쿨러 막힘

해 오일 점도가 낮다는 것은 묽다는 것으로 유동성은 증가하고 마찰력은 감소하므로 과열되는 원인과는 관계 없다.

036

토크 컨버터 스테이터의 기능은?

① 오일 방향 바꾸어 회전력 증대

② 클러치판 마찰력 감소

③ 기계적 충격 흡수 및 엔진 수명연장

④ 오일의 회전속도 감속 및 견인력 증대

해 토크컨버터의 스테이터는 오일 방향을 바꾸어 회전력을 증대시키는 역할을 한다.

037

자동변속기 오일 압력이 떨어지는 이유 중 옳지 않은 것은?

① 오일부족

② 오일필터 막힘

③ 오일펌프 내 기포발생

④ 클러치판 마모

해 오일이 부족하거나 오일 필터의 막힘, 펌프 내 기포 발생은 오일 압력을 떨어뜨리는 원인이 된다. 클러치판 마모와는 전혀 상관없다.

038

동력전달장치의 길이변화 흡수 장치는?

① 자재이음　　　② 슬립이음

③ 추진축　　　　④ 십자이음

🔹 슬립이음

- 길이 방향으로 늘였다 줄였다 할 수 있는 형태
  (길이슬립)

039

저압타이어 표시 12.00 – 19 – 12PR일때 12.00
이 나타내는 것은?

① 타이어 내경 / inch　② 타이어 폭 / inch

③ 타이어 외경 / inch　④ 타이어 폭 / cm

🔹 저압타이어의 표시 TIP! : 저폭내플

- 폭 - 내경 - 플라이레이팅(강도)

040

엑슬허브 오일교환 시 배출과 주입 방향은?

① 배출 3시 방향, 주입 9시 방향

② 배출 9시 방향, 주입 6시 방향

③ 배출 6시 방향, 주입 9시 방향

④ 배출 12시 방향, 주입 9시 방향

〈엑슬허브 오일교환은 기역자〉

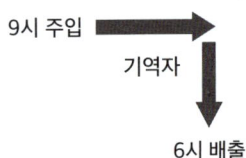

041

타이어 림에 대한 설명 중 틀린 것은?

① 변형이 있을 땐 교환한다

② 경미한 균열 시 용접 후 재사용 가능

③ 손상 마모 시 교환

④ 경미한 균열 시에도 교환

🔹 타이어 림은 휠의 가장자리 금속 둘레로 타이어
비드와 직접 접촉하는 부분이므로 균열 발생 시 절
대 재사용 금지

042

튜브리스 타이어의 장점이 아닌 것은?

① 펑크 수리가 간단하다

② 타이어의 수명이 길다

③ 고속 주행시 발열이 적다

④ 못이 박혀도 공기 누출이 적다

🔹 튜브리스 타이어의 수명은 장점이라 할 만큼 다른
타입에 비해 길지는 않다.

043

유압식 조향장치의 핸들조작이 무거운 원인
과 거리가 먼 것은?

① 유압이 낮다

② 오일 부족

③ 펌프 회전 증가

④ 유압계통 내 공기 혼입

🔹 유압식으로 작동하는 조향장치는 오일 부족, 공기
혼입 등으로 유압이 낮으면 핸들이 무거워진다. 펌
프 회전 증가는 핸들조작 무거움과 관련이 없다.

044

동력조향장치의 장점이 아닌 것은?

① 조향핸들의 시미현상을 감소시킨다.

② 핸들이 자동으로 유격조정되고 볼조인트 수명이 반영구적이다.

③ 제작 시 조향기어비에 관계없이 선정할 수 있다.

④ 작은 조작력으로 조작이 가능

해 동력조향장치는 유압 파워스티어링(power steering)으로 무거운 대형차량이나 건설기계 앞바퀴 구동형 차량의 조향을 보조해주는 장치로 앞바퀴가 옆으로 흔들리는 시미현상을 감소시키고, 작은 조작력으로 조작이 가능하여 조향기어비율을 자유롭게 선정 가능하다. 하지만 타로이드 앤드의 볼조인트는 마찰이 많은 부분으로 반영구적이지 않다.

045

산업안전 보건표지로 오른쪽 그림이 표시하는 것은?

① 독극물 경고　　② 폭발물 경고

③ 낙하물 경고　　④ 고압전기 경고

해 안내, 경고, 금지, 지시 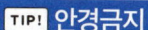 안경금지

폭발물경고

독극물경고

방사선물질
경고

위험장소
경고

고압전기
경고

매달린물체
경고

낙하물경고

고온경고

저온경고

몸균형상실
경고

레이저광선
경고

046

분사노즐 테스터기로 측정하는 것으로 맞는 것은?

① 분사개시 압력과 후적점검
② 분사개시 압력과 분사속도
③ 분포상태와 분사량
④ 분포상태와 플런저의 성능

해 분사노즐 테스터기로 분사개시 압력과 후적(노즐 끝에 오일이 물방울처럼 맺히는 현상)을 점검한다.

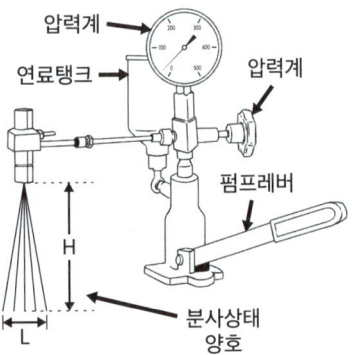

047

기관 오일량이 초기 점검시 보다 증가 하였다면 가장 적합한 원인은?

① 냉각수의 유입   ② 오일의 연소
③ 오일점도의 변화   ④ 실린더의 마모

048

감압장치에 대한 설명으로 옳은 것은?

① 시동을 도와주는 장치
② 연료손실을 감소시키는 것
③ 출력을 증가시키는 것
④ 화염전파 속도를 빨리해 주는 것

해 TIP! : 공감히트
(공기예열장치, 감압장치, 히트레인지)는 시동보조장치

049

공기의 속도에너지를 압력에너지로 바꾸는 장치는?

① 디퓨저   ② 터빈
③ 유압모터   ④ 실린더

해 과급기(터보차저)에서 흡입 공기의 속도에너지를 압력에너지로 바꾸는 장치가 디퓨저이다.

050

지게차 작업장치의 동력전달기구 중 틀린것은?

① 리프트 실린더   ② 틸트 실린더
③ 리프트 체인   ④ 핑거보드

해 지게차 작업장치의 동력전달기구는 체리틸(리프트 체인, 리프트 실린더, 틸트실린더), 핑거보드는 백레스트에 지지되어 포크와 백레스트를 연결하는 부분이다.

051

다음은 지게차의 어느 부분을 설명한 것인가?

> 마스트를 앞뒤로 경사시키는 장치이다. 레버를 당기면 마스트가 운전자쪽으로, 밀면 앞쪽으로 기울어진다.

① 틸트실린더　　　② 마스트실린더

③ 리프트실린더　　④ 카운터실린더

🔲 틸트 실린더에 대한 설명이다.

052

지게차가 최대하중을 적재하고 엔진을 껐을 때, 포크가 하중에 의해 하강하는 거리는 10분당 몇 mm이하여야 하는가? (유압유의 온도는 50도이다.)

① 10mm　　　　② 30mm

③ 50mm　　　　④ 100mm

🔲 최대 하중 적재하고 엔진 중지 시 포크하강은 10분당 100mm 이하여야 한다.

053

지게차 조종석을 보호하기 위한 장치가 아닌것은?

① 헤드가드　　　② 백레스트

③ 안전밸트　　　④ 카운터웨이트

🔲 백레스트는 적재물이 운전석 쪽으로 떨어지는 것을 방지한다. 카운터웨이트는 포크 적재물 하중의 밸런스를 잡아주는 운전석 뒤쪽의 균형추이다.

054

좌우 클램프가 설치되어 받침대 없이 가볍고 부피가 큰 솜이나 펄프 등을 운반하는 지게차 작업장치는?

① 힌지드버킷　　　② 로드스테빌라이저

③ 드럼 클램프　　　④ 사이드 클램프

🔲 좌우 클램프가 설치된 사이드 클램프

055

지게차의 틸트레버를 운전자 쪽으로 당기면 마스트는 어떻게 되나?

① 운전자쪽으로 기운다.

② 지면으로 내려온다.

③ 운전자 반대쪽으로 기운다.

④ 지면에서 위쪽으로 올라간다.

🔲 틸트레버는 마스트를 틸팅시킨다. 운전석에 앉았다 생각하고 당기면 운전석쪽, 밀면 운전자 반대쪽으로 기운다.

056

지게차 마스트 조종레버가 3개일 경우 왼쪽부터 그 설치순서가 올바른 것을 고르시오.

① 리프트레버, 틸트레버, 부수장치레버

② 틸트레버, 부수장치레버, 리프트레버

③ 리프트레버, 부수장치레버, 틸트레버

④ 부수장치레버, 틸트레버, 리프트레버

🔵 조종레버 순서는 왼쪽부터 TIP! : 리틸부

(리프트레버 - 틸트레버 - 부수장치레버 순서)

057

전동지게차와 관련이 없는 장치는?

① 마스트   ② 축전지

③ 전동기   ④ 인젝터

🔵 디젤기관이 아닌 전기모터로 움직이는 전동지게차에는 인젝터(분사장치)가 없다.

058

생산 활동 중 신체장애와 유해물질에 의한 중독 등으로 작업성 질환에 걸려 나타난 장애를 무엇이라 하는가?

① 산업재해   ② 안전사고

③ 작업사고   ④ 생산재해

059

오일펌프 여과기 (Oil Pump Filter)의 역할이 아닌 것은?

① 오일을 여과한다.

② 오일을 펌프로 유도한다.

③ 부동식이 많이 사용된다.

④ 오일의 압력을 조절한다.

🔵 오일펌프 여과기는 오일팬의 오일을 오일펌프로 유도, 불순물을 여과한다. 고정식과 부동식 중에 부동식을 많이 사용한다 여과기는 압력조절과는 관련 없다.

060

디젤기관의 노킹 발생 원인으로 거리가 먼 것은?

① 착화기간 중 분사량이 많다.

② 노즐의 분무상태가 불량하다.

③ 기관이 과냉되어 있다.

④ 고세탄가 연료를 사용하였다.

🔵 노킹은 연료 분무상태가 불량하거나 분무량이 많아 기관이 과냉될 때 제 때에 폭발되지 않고(착화지연) 연료가 쌓였다 한꺼번에 폭발하면서 연소실 내 소음이 발생하는 현상이다. 고세탄가 연료를 사용하면 노킹을 방지 할 수 있다.(세탄가는 경유의 착화성을 나타내므로 고세탄가 연료는 착화지연없이 불이 잘 붙는다.)

빈출모의고사 문제형 3회

001

기계식 분사펌프가 장착된 디젤기관에서 가동 중에 발전기가 고장이 났을 때 발생할 수 있는 현상으로 틀린 것은?

① 충전경고등이 들어온다.

② 배터리가 방전되어 시동이 꺼지게 된다.

③ 헤드램프를 켜면 불빛이 어두워진다.

④ 전류계의 지침이 (–)쪽을 가리킨다.

해 발전기 고장은 충전이 안됨을 뜻한다. 충전이 안된다고 바로 배터리가 방전되고 시동이 꺼지지는 않는다.

002

연료탱크의 연료를 분사펌프 저압부까지 공급하는 것은?

① 연료공급 펌프　　② 연료분사 펌프

③ 인젝션 펌프　　　④ 로터리 펌프

해 연료탱크 연료는 연료공급펌프를 통해 분사펌프 저압부까지 공급된다.

　– 연료의 공급경로

　　연료탱크 ➡ 연료공급펌프 ➡ 연료필터 ➡ 분사펌프 ➡ 분사노즐

003

오일의 압력이 높은 것과 관계없는 것은?

① 릴리프 스프링(조정 스프링)이 강할 때

② 추운 겨울철 가동할 때

③ 오일 점도가 높을 때

④ 오일 점도가 낮을 때

해 점도는 오일의 묽기(뻑뻑한 정도)이므로 점도가 낮으면 압력이 낮고, 점도가 높으면 압력이 높다.(점도와 오일압력은 비례관계)

004

작업 중 기관의 시동이 꺼지는 원인에 해당 되는 것은?

① 연료공급 펌프의 고장

② 발전기 고장

③ 물 펌프의 고장

④ 기동 모터의 고장

해 작업 중 시동꺼짐은 연료공급 계통의 문제로 유추하고 엔진정지상태에서 최초 시동이 걸리지 않을 때는 배터리(축전지), 기동전동기 등 전기계통의 문제로 판단한다.

005

축전지의 충전에서 충전 말기에 전류가 거의 흐르지 않기 때문에 충전 능률이 우수하며 가스 발생이 거의 없으나 충전 초기에 많은 전류가 흘러 축전지 수명에 영향을 주는 단점이 있는 충전 방법은?

① 정전류 충전　　② 정전압 충전
③ 단별전류 충전　④ 급속 충전

해 정전압 충전에 대한 설명이다.

006

전조등 회로의 구성으로 틀린 것은?

① 퓨즈　　　　　② 점화 스위치
③ 라이트 스위치　④ 디머 스위치

해 퓨즈, 라이트 스위치, 디머스위치(하이빔, 로우빔 전환스위치)는 전조등 구성품이며 점화스위치 가솔린엔진의 시동스위치이다.

007

다음 중 터보차저를 구동하는 것으로 가장 적합한 것은?

① 엔진의 열　　　② 엔진의 배기가스
③ 엔진의 흡입가스　④ 엔진의 여유동력

해 터보차저(과급기)는 배기가스를 바로 배출시키지 않고 배기압을 이용 터보차저의 터빈을 구동하는 데 이용함으로써 임펠러, 디퓨저를 통해 강제로 더 많은 공기가 압축되도록 하는 장치이다.

008

축전지의 용량을 나타내는 단위는?

① amp　　　　　② Ω
③ v　　　　　　④ Ah

해 축전지 용량은 시간개념을 포함한 암페어아워(Ampere hour)로 나타낸다.
　1Ah는 1암페어의 전류가 1시간동안 흐르는 전기량

009

로더로 토사를 깎기 시작할 때 버킷을 약 몇 도 정도 기울여 깎는 것이 좋은가?

① 5°　　　　　　② 10°
③ 7.5°　　　　　④ 15°

해 로더로 토사를 깎을 때 시작점에서는 버킷을 약 5° 정도 기울여 깎는 것이 좋다.

010

반도체에 대한 설명 중 틀린 것은?

① 반도체는 양도체와 절연체의 중간 범위이다.
② 고유저항은 $10^{-3} \sim 10^4 (\Omega)$ 정도이다.
③ 실리콘, 게르마늄, 셀렌 등이 있다.
④ 절연체의 성질을 띠고 있다.

해 반도체는 양의 극성을 가진 도체인 양도체와 전기 전달이 어려운 절연체의 중간 범위의 성질을 띤다.

011

방열기의 캡을 열어 보았더니 냉각수에 기름이 둥둥 떠 있을 때 그 원인은?

① 헤드 개스킷 파손

② 피스톤링과 실린더 마모

③ 밸브 간극 과다

④ 압축압력이 높아 역화 현상 발생

🔷 방열기의 캡을 열어 보았더니 **냉각수에 기름 둥둥** 떠 있을 때 그 원인은 〈헤드 개스킷 파손〉

- 냉각수는 실린더블럭의 물재킷을 순환하며 엔진을 식혀주는데 실린더헤드와 엔진블럭 사이를 밀봉해주는 헤드개스킷 손상이 있을 시 실린더내의 엔진오일이 새어나와 물재킷의 냉각수에 혼입되어 냉각수 점검 시 기름이 둥둥 떠있는 현상이 발견된다.

012

머플러(소음기)에 대한 설명으로 틀린 것은?

① 머플러에 카본이 많이 끼면 엔진 과열의 원인이 된다.

② 머플러에 카본이 많이 쌓이면 엔진 출력이 떨어진다.

③ 머플러가 손상되어 구멍이 나면 배기음이 커진다.

④ 배기가스의 압력을 높여서 열효율을 증가시킨다.

🔷 머플러와 차량의 열효율 증가와는 무관하다.

013

사용압력에 따른 타이어의 분류로 틀린 것은?

① 저압타이어   ② 초저압타이어

③ 고압타이어   ④ 초고압타이어

🔷 타이어 압력에 따라 초저압 / 저압 / 고압 타이어로 나뉘고 초고압타이어는 없다.

014

지게차의 적재방법으로 적절하지 않은 것은?

① 화물을 올릴 때는 포크를 수평으로 한다.

② 화물을 올릴 때는 가속페달을 밟는 동시에 레버를 조작한다.

③ 포크로 물건을 찌르거나 물건을 끌어서 올리지 않는다.

④ 화물이 무거우면 사람이나 중량물로 밸런스 웨이트를 삼는다.

🔷 과적을 해서는 안되며 전복 추락 또는 튕겨나갈 위험이 있으므로 운전자 외에는 절대 탑승하지 않는다.

015

기관의 연소실 형상과 관련이 없는 것은?

① 기관 출력   ② 운전 정숙도

③ 열효율   ④ 엔진 속도

🔷 연소실의 형상은 엔진출력과 열효율, 정숙도를 결정하는 중요한 요소이다. 하지만 엔진(회전)속도와는 관련이 없다.

016

천연가스가 배관을 통하여 공급 시 도시가스 사업법 상 중압에 해당하는 것은?

① 0.5 Mpa
② 1.0 Mpa
③ 0.1 Mpa
④ 5 Mpa

해 도시가스사업법에서 10kg/cm²(1MPa) 이상의 압력을 고압, 1kg/cm² 이상 10kg/cm² 미만 압력을 중압, 1kg/cm²(0.1MPa) 미만의 압력을 저압이라고 말한다.

017

벨트 전동장치의 내재된 위험 요소가 아닌 것은?

① 접촉(contact)
② 말림(entanglement)
③ 트랩(trap)
④ 충격(impact)

해 벨트에 접촉했더니(접촉) 말려 들어가서(말림) 꽉 껴버렸다(트랩)!

018

다음 중 지하 매설물의 종류가 아닌 것은?

① 광통신 케이블
② 전력 케이블
③ 가스관
④ 주상 변압기

해 주상변압기는 지상에 설치하는 장치이다.

019

건설기계의 특별표지판 부착과 관련된 내용 중 옳지 않은 것은?

① 총중량 30톤, 축중 10톤 미만인 건설기계는 특별 표지판 부착 대상이 아니다.
② 당해 건설기계의 식별이 쉽도록 전후 범퍼에 특별 도색을 하여야 한다.
③ 최고속도가 35km/h 이상인 경우에는 부착하지 않아도 된다.
④ 콘크리트펌프카는 자동차 제1종 대형면허가 있어야 조종가능하다.

해 - 특별표지판 부착 대상
: 길이 16.7m 초과, 너비 2.5m 초과, 높이 4.0m 초과, 최소회전반경 12미터 초과, 총중량 40톤, 축중 10톤 이상인 건설기계
- 특별 도색의 예외 : 최고속도 35km/h 미만인 경우
- 최고속도 35km/h 이상 시 부착하지 않아도 된다는 규정은 없다.

020

다음 중 건설기계 등록사항의 변경 또는 등록이전신고 대상이 아닌 것은?

① 소유자의 변경
② 소유자의 주소지 변경
③ 건설기계의 사용본거지 변경
④ 건설기계의 소재지 변동

해 작업장소에 따라 소재지 이동이 빈번한 건설기계의 특성 상 단순 소재지 변동은 등록이전신고 대상이 아니다.

021

다음 중 통행의 우선순위로 맞는 것은?

① 긴급자동차 ➜ 원동기장치 자전거 ➜ 일반 자동차

② 원동기장치 자전거 ➜ 일반 자동차 ➜ 긴급 자동차

③ 일반자동차 ➜ 일반 자동차 ➜ 원동기장치 자전거

④ 긴급자동차 ➜ 일반 자동차 ➜ 원동기장치 자전거

022

건설기계 검사기준 중 제동장치의 제동력 기준으로 틀린 것은?

① 모든 축의 제동력의 합이 당해 축중(빈차)의 50% 이상일 것

② 동일차축 좌·우바퀴 제동력의 편차는 당해 축중의 8% 이내일 것

③ 동일차축 좌·우바퀴 제동력의 편차는 당해 축중의 10% 이내일 것

④ 주차제동력의 합은 건설기계 빈차 중량의 20% 이상 일 것

해 동일차축 좌·우바퀴 제동력의 편차는 당해 축중의 8% 이내일 것

023

도로운행시의 건설기계의 축 하중 및 총 중량 제한은?

① 축 하중 8톤 초과, 총 중량 30톤 초과

② 축 하중 10톤 초과, 총 중량 40톤 초과

③ 축 하중 15톤 초과, 총 중량 40톤 초과

④ 축 하중 10톤 초과, 총 중량 50톤 초과

024

타이어식 장비에서 핸들 유격이 큰 원인이 아닌 것은?

① 타이로드의 볼조인트 마모

② 스티어링 기어박스 장착부위 풀림

③ 아이들러암 부싱의 마모

④ 스테빌라이저 마모

해 핸들유격이란? 핸들을 가볍게 돌렸을 때 바퀴가 움직이지 않는 정도의 범위로 타이로드, 스티어링기어박스, 아이들러암은 모두 핸들 유격과 관련이 있는 조향장치이나 스테빌라이저는 롤링막지 목적의 현가장치(suspension system)중 하나이다.

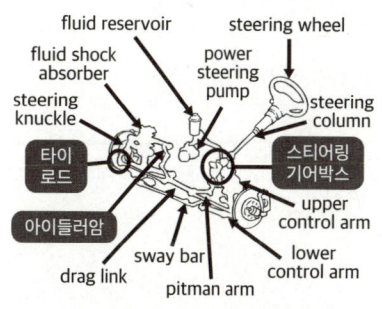

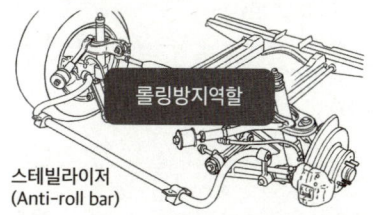

025

다음 (　　)속에 들어갈 말로 알맞게 짝지어
진 것은?

> 기동전동기를 기관에서 떼어 낸 상태에서 행하
> 는 시험을 (　㉠　)시험이라 하며 기관에 설치
> 된 상태에서 행하는 시험을 (　㉡　)시험이라
> 한다.

① ㉠ 무부하　㉡ 부하
② ㉠ 부하　　㉡ 무부하
③ ㉠ 미부착　㉡ 부착
④ ㉠ 무설정　㉡ 설정

026

토크 컨버터가 유체클러치와 구조상 다른 점
은?

① 스테이터　　　② 터빈휠
③ 케이싱　　　　④ 구동축

🔵 토크컨버터와 유체클러치와 구조상 가장 큰 차이
점은 스테이터의 유무이다.

〈토크컨버터 vs 유체클러치〉

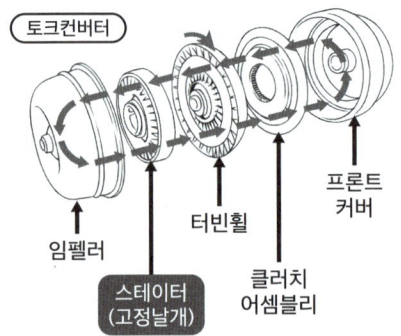

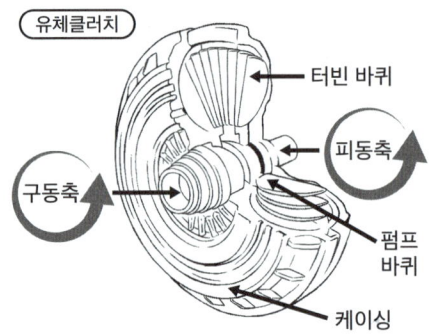

027

도저의 변속레버가 중립인데 전진 또는 후진으
로 움직이고 있을 때 고장으로 판단되는 곳은?

① 컨트롤 밸브　　② 유압펌프
③ 토크 컨버터　　④ 트랜스퍼 케이스

🔵 컨트롤 밸브 고장 시 전후진 오작동 발생
　(전후진 컨트롤이 안된다!)

028

유압펌프 중 가장 높은 압력 조건에서 사용할 수 있는 펌프는?

① 플런저펌프　　② 기어펌프
③ 베인펌브　　　④ 로터리펌프

해 구조적으로 피스톤펌프나 플런저 펌프가 가장 높은 압력에 견딘다.

029

자동변속기의 과열 원인으로 거리가 먼 것은?

① 메인 압력이 높다.
② 변속기 오일쿨러가 막혔다.
③ 과부하 운전을 지속 하였다.
④ 오일이 규정량보다 많다.

해 단순히 오일이 많은 것은 과열 원인과 관련이 없다.

030

교류발전기의 주요 구성 요소가 아닌 것은?

① 자계를 발생시키는 로터
② 3상전압을 유도시키는 스테이터
③ 다이오드가 설치되어있는 엔드프레임
④ 전류를 공급하는 계자코일

해 교류발전기의 주요 구성 요소 TIP! : 슬브다로스
- 슬링립, 브러시, 다이오드, 로터, 스테이터

031

무한궤도식 굴착기의 조향작용은 무엇으로 행하는가?

① 유압모터　　　② 유압 펌프
③ 조향 클러치　　④ 브레이크 페달

해 무한궤도식 굴착기의 조향작용은 트랙에 설치된 유압모터로 왼쪽 오른쪽 트랙을 각각 구분하여 구동함으로써 행해진다.

032

교차로 또는 그 부근에서 긴급자동차가 접근하였을 때 피양 방법?

① 교차로를 피하여 도로의 우측 가장자리에 일시 정지한다.
② 그 자리에 즉시 정지한다.
③ 그대로 진행방향으로 진행을 계속한다.
④ 서행하면서 앞지르기 하라는 신호를 한다.

033

액추에이터의 운동 속도를 조정하기 위하여 사용되는 밸브는?

① 유량제어 밸브　　② 압력제어 밸브
③ 온도제어 밸브　　④ 방향제어 밸브

해 액추에이터의 운동 속도는 유량제어밸브로 제어한다.

034

금속간의 마찰을 방지하기 위한 방안으로 마찰계수를 저하시키기 위하여 사용되는 첨가제는?

① 유성 향상제 ② 점도지수 향상제

③ 유동점 강하제 ④ 방청제

🔷 유성(흐르는 미끄러지는 성질)을 향상시켜야 마찰계수를 떨어뜨릴 수 있다. 점도지수를 향상시키거나 유동성을 떨어뜨리면 마찰력이 증가한다. 방청제(부식방지)는 마찰력과 관련 없다.

035

유압실린더 등이 중력에 의한 자유 낙하를 방지하기 위해 배압을 유지하는 압력제어 밸브는?

① 카운터 밸런스 밸브

② 감압 밸브

③ 시퀀스 밸브

④ 언로드 밸브

🔷 자유낙하방지

- 카운터 밸런스 밸브

TIP! : 낙하한다~밸런스 잘 잡아라~

036

작업장에서 직접 사람이 접촉하여 말려들거나 다칠 위험이 있는 장소를 덮어씌우는 방호 장치는?

① 격리형 방호장치

② 위치 제한형 방호장치

③ 포집형 방호장치

④ 접근 거부형 방호장치

🔷 격리형 방호장치에 대한 설명이다.
   (덮어씌워 격리시킨다.)

037

작업장에서 휘발유 화재 났을 때 가장 올바른 조치 방법은?

① 물 호스의 사용

② 불의 확대를 막는 덮개 사용

③ 소다, 가성소다의 사용

④ 탄산가스 소화기의 사용

🔷 휘발유 화재시에는 탄산가스 소화기를 사용하여 진화하는 것이 가장 좋은 방법이다.
   - A급 일반 화재 ABC소화기, 물 호스 사용
   - B급 유류 화재 ABC소화기, CO_2소화기(물사용 금지)
   - C급 전기 화재 ABC 소화기, CO_2소화기, 분말소화기(물사용 금지)
   - D급, 금속 화재 팽창질석, 팽창진주암, 마른 모래 (물사용 금지)
   - K급 주방 화재 K급 소화기

038

기계공장에 관한 안전수칙으로 틀린 것은?

① 운전 중에는 자리를 지킨다.

② 기계운전 중 정지시는 즉시 주 스위치를 끈다.

③ 기계공장에서는 반드시 작업복과 안전화를 착용한다.

④ 기계의 청소는 작동 중에 수시로 한다.

해 기계작동 중에 청소를 하는 행동은 위험하다.

039

가스배관을 시가지 도로 노면 밑에 매설할 때 노면~배관 외면까지 매설 깊이는 얼마인가?

① 60cm 이상 유지　② 1.0m 이상 유지

③ 1.5m 이상 유지　④ 2.0m 이상 유지

040

플런저가 구동축의 직각방향으로 설치되어 있는 유압 모터는?

① 레이디얼형 플런저 모터

② 베인형 모터

③ 액시얼 플런저형 모터

④ 멀티스트로크형 모터

해 레이디얼형 플런저 모터는 플런저(피스톤)이 구동축의 직각방향으로 설치되어 있다.

041

건설기계에 사용하고 있는 필터의 종류가 아닌 것은?

① 흡입필터　　② 고압필터

③ 저압필터　　④ 배출필터

해 건설기계에 사용하고 있는 필터의 종류

TIP! : 흡! 고! 저!

042

난연성 작동유의 종류로 틀린 것은?

① 유중수적형 작동유

② 물-글리콜형 작동유

③ 인산 에스텔형 작동유

④ 석유계 작동유

해 난연성작동유에는 인산에스테르와 폴리올에스테르(비함수계)와 수중유적형(O/W), 유중수적형(W/O), 그리고 물-글리콜계(함수계) 등이 있다.

043

폭발의 우려가 있는 가스 또는 분진이 발생하는 장소에 지켜야 할 사항이 아닌 것은?

① 화기사용 금지

② 인화성 물질 사용 금지

③ 점화의 원인이 될 수 있는 기계 사용금지

④ 불연성 재료의 사용금지

해 폭발 우려가 있는 곳에서는 불이 잘 붙지 않는 불연성 재료를 사용해야 한다.

044

다음 기호의 의미는?

① 녹십자 표지
② 응급구호 표지
③ 엠뷸런스 표지
④ 비상용 기구 표지

해 응급구호표지

045

다음 표시의 뜻은?

① 30미터 앞부터 30km 속도 제한
② 최고 속도 30km 속도제한 표지
③ 차간거리 30미터 제한 표지
④ 최저속도 30km 속도제한 표지

해 최저속도 30km 속도제한 표지

046

기계시설의 안전 유의 사항으로 바르지 않은 것은?

① 회전부분(기어, 벨트, 체인) 등은 위험하므로 반드시 커버를 씌운다.
② 작업장의 통로는 근로자가 안전하게 다닐 수 있도록 정리정돈을 한다.
③ 작업장의 바닥은 보행에 지장을 주지 않도록 청결하게 유지한다.
④ 발전기, 용접기, 엔진 등 장비는 한 곳에 모아서 배치한다.

해 발전기, 용접기, 엔진 등 유류를 사용하거나 불꽃이 튈 염려가 있는 장비는 한 곳에 모아서 배치하지 않는다. 동선을 고려하여 분산 배치한다.

047

탁상용 연삭기 사용 시 안전 수칙으로 바르지 않은 것은?

① 받침대는 숫돌차의 중심보다 낮게 하지 않는다.
② 숫돌차의 주면과 받침대는 일정 간격으로 유지해야 한다.
③ 숫돌차를 나무 해머로 가볍게 두드려 보아 맑은음이 나는가 확인 한다.
④ 숫돌차의 측면에 서서 연삭해야 하며 반드시 차광안경을 착용한다.

해 숫돌에 균열이 있거나 숫돌의 측면 부분을 사용해 작업하는 경우 연삭 숫돌이 파괴될 위험이 높다.

048

실린더 벽이 마멸되었을 때 발생되는 현상은?

① 기관의 회전수가 증가한다.

② 오일 소모량이 증가한다.

③ 열효율이 증가한다.

④ 폭발압력이 증가한다.

🔷 실린더 벽 마모 시 피스톤 윗부분의 오일링과의 간극이 생겨 (엔진)오일이 연소실내로 유입되어 연료와 함께 연소되어 (엔진)오일 소모량이 증가한다.

049

터보차저의 특징을 설명한 것으로 가장 거리가 먼 것은?

① 기관이 고출력일 때 배기가스의 온도를 낮출 수 있다

② 고지대 작업 시에도 엔진의 출력저하를 방지한다.

③ 구조가 복잡하고 무게가 무거우며 설치가 복잡하다.

④ 과급 작용의 저하를 막기 위해 터빈실과 과급실에 각각 물재킷을 두고 있다.

🔷 터보차저(과급기)는 사실 배기 측에 작은 바람개비인 터빈을 설치하여 이 터빈으로 흡입공기를 더 많이 연소실로 집어넣는 간단한 장치라고 할 수 있다.

050

라디에이터 캡의 스프링이 파손 되었을 때 가장 먼저 나타나는 현상은?

① 냉각수 비등점이 낮아진다.

② 냉각수 순환이 불량해진다.

③ 냉각수 순환이 빨라진다.

④ 냉각수 비등점이 높아진다.

🔷 냉각수가 뜨거워지면 압력밸브가 압력스프링 장력을 이기고 통로가 열려 냉각수가 순환하는데 압력스프링 파손 시에는 냉각수의 비등점(끓는점)이 낮아지고 오버히트가 발생한다.

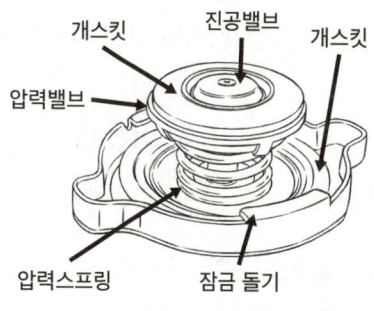

〈라디에이터캡의 구조〉

051

디젤기관에서 조속기가 하는 역할은?

① 분사시기 조정 ② 분사량 조정

③ 분사압력 조정 ④ 착화성 조정

🔷 조속기(거버너governor)는 연료분사량을 조절하여 엔진(기관)의 회전 속도를 조절한다.

052

일반적으로 디젤기관에서 흡입공기 압축 시 압축온도는 얼마인가?

① 200~300℃   **② 500~550℃**

③ 1100~1150℃   ④ 1500~1600℃

해 디젤기관의 흡입행정에서는 먼저 공기만을 연소실로 흡입한 다음 피스톤을 상승시켜 압축하는데 이때 발생하는 열로 인해 연소실 내 온도는 500~550℃로 상승한다.

053

디젤기관에서 연료장치의 구성 부품이 아닌 것은?

① 분사펌프   ② 연료필터

③ 기화기   ④ 연료탱크

해 기화기(氣化器) 또는 카브레이터(carburetor)는 디젤엔진에는 없는 부품이다. 주로 가솔린 엔진에서 연료와 공기를 혼합하여 연소실로 보내는 역할을 하는 기화기나 점화장치는 디젤기관에는 없으며, 그 대신 연료분사펌프, 연료분사노즐이 있다.

054

엔진오일 교환 후 압력이 높아졌다면 그 원인으로 가장 적절한 것은?

① 엔진오일 교환 시 냉각수가 혼입되었다.

② 오일의 점도가 낮은 것으로 교환하였다.

③ 오일회로 내 누설이 발생하였다.

④ 오일 점도가 높은 것으로 교환하였다.

해 오일 압력은 오일의 점도와 비례한다.

055

동절기에 기관이 동파 되는 원인으로 맞는 것은?

① 냉각수가 얼어서

② 기동전동기가 얼어서

③ 발전장치가 얼어서

④ 엔진오일이 얼어서

해 동절기 엔진(기관)이 동파되는 것은 냉각수를 구성하는 부동액보다 물의 비율이 너무 높을 경우 냉각수가 얼면서 부피가 팽창하여 발생한다.

056

오일의 여과 방식이 아닌 것은?

① 자력식   ② 분류식

③ 전류식   ④ 샨트식

해 오일 여과 방식에는 분류식, 전류식, 샨트식이 있다.

057

엔진 시동 전에 해야 할 가장 중요한 일반적인 점검 사항은?

① 실린더의 오염도

② 충전장치

③ 유압계의 지침

④ 엔진 오일량과 냉각수량

해 엔진 시동 전 가장 중요하게 점검해야 할 사항은 엔진 오일량과 냉각수량이다.

058

납산 축전지의 용량은 어떻게 결정되는가?

① 극판의 크기, 극판의 수, 황산의 양에 의해 결정된다.

② 극판의 크기, 극판의 수, 단자의 수에 따라 결정된다.

③ 극판의 수, 셀의 수, 발전기의 충전능력에 따라 결정된다.

④ 극판의 수와 발전기의 충전능력에 따라 결정된다.

🅗 납산축전지 용량은 극판와 **크**기와 **수**, **황**산량에 의해 결정된다. [TIP!] : 크수황

059

공기 브레이크에서 브레이크슈를 직접 작동시키는 것은?

① 릴레이 밸브 　　② 브레이크 페달

③ 캠 　　④ 유압

🅗 브레이크 슈를 직접 작동시키는 것은 브레이크 캠이다.

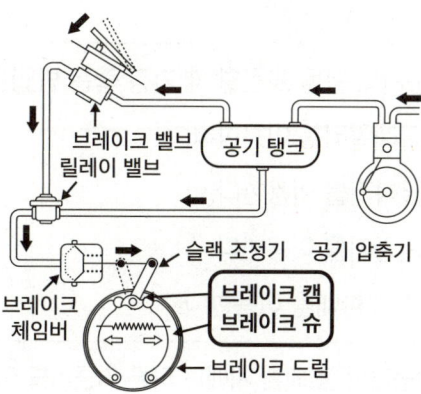

060

유압식 모터 그레이더에서 유압 모터가 설치되는 것은?

① 리닝장치 　　② 서클 횡송장치

③ 블레이드 승강장치 　④ 블레이드 회전장치

🅗 유압식 모터 그레이더의 블레이드 회전장치는 유압모터로 구동된다.

빈출모의고사 문제형 4회

001

납산축전지에 증류수를 자주 보충시켜야 한다면 그 원인에 해당 될 수 있는 것은?

① 충전 부족이다.

② 극판이 황산화 되었다.

③ 과충전 되고 있다.

④ 과방전 되고 있다

해 납산축전지(배터리) 과충전 시 더 이상 전압과 전해액 비중은 상승하지 않고, 물의 전기분해가 가속화되어 수소와 산소가스 형태로 대기중으로 날아가 버린다. 따라서 증류수를 자주 보충 시켜줘야 한다면 과충전 상태로 진단할 수 있다.

002

엔진 정지 상태에서 계기판 전류계의 지침이 정상에서 (-)방향을 지시하고 있다. 그 원인이 아닌 것은?

① 전조등 스위치가 점등위치에서 방전되고 있다.

② 배선에서 누전되고 있다.

③ 시동시 엔진 예열장치를 동작시키고 있다.

④ 발전기에서 축전지로 충전되고 있다.

해 전류계 지침이 (-)를 가리킬 때는 방전이나 누전, 예열장치 동작 등이 그 원인이 된다. 정상적인 충전 상태가 아니다.

003

기동전동기는 회전되나 엔진은 크랭킹이 되지 않는 원인으로 옳은 것은?

① 축전지 방전

② 기동전동기의 전기자 코일 단선

③ 플라이휠 링기어의 소손

④ 발전기 브러시 장력 과다

해 기동전동기(시동전동기, 시동모터, 스타팅모터)는 차량 시동시에 플래밍의 왼손법칙에 따라 전기에너지를 피니언(톱니바퀴)를 구동하는 기계적에너지로 바꾸어 이와 맞물린 플라이휠의 링기어를 통해 엔진을 시동시킨다.(크랭킹 : 엔진이 그 자체 작동에 의해 회전하지 않고 단순히 시동 전동기에 의해 회전하는 것) 플라이휠 링기어가 망가지면 기동전동기가 가동되더라도 엔진으로 동력을 전달하지 못하므로 엔진크랭킹이 되지 않는다.

004

기중기의 붐을 교환할 때 가장 좋은 방법은?

① 트레일러를 이용한다.

② 굴착기를 이용한다.

③ 기중기를 이용한다.

④ 붐 교환대를 이용한다.

해 기중기의 붐 교환 시에는 다른 기중기를 이용하는 것이 가장 좋다.

005

지게차에서 리프트 실린더의 주된 역할은?

① 마스터를 틸트시킨다.

② 마스터를 이동시킨다.

③ **포크를 상승, 하강시킨다.**

④ 포크를 앞뒤로 기울게 한다.

해 리프트 실린더는 포크를 상승 하강시키는 역할을 한다.

006

클러치 스프링의 장력이 약하면 일어날 수 있는 현상으로 가장 적합한 것은?

① 유격이 커진다.

② 클러치판이 변형된다.

③ 클러치가 파손된다.

④ **클러치가 미끄러진다.**

해 클러치 스프링 장력이 약하면 클러치판이 플라이 휠에 밀착되지 않아 클러치가 미끄러진다.

007

건설기계 등록지가 다른 시·도로 변경되었을 경우 해야 할 사항은?

① 등록사항 변경 신고를 하여야 한다.

② **등록이전 신고를 하여야 한다.**

③ 등록증을 당해 등록처에 제출한다.

④ 등록증과 검사증을 등록처에 제출한다.

해 건설기계의 등록지가 다른 시도로 변경되었을 때는 등록이전신고를 해야한다.

008

다음 중 피견인 차의 설명으로 가장 옳은 것은?

① 자동차로 볼 수 없다.

② **자동차의 일부로 본다.**

③ 화물자동차이다.

④ 소형자동차이다.

해 견인되는 동안 피견인차는 견인하는 자동차의 일부로 본다.

009

건설기계의 등록원부는 등록을 말소한 후 얼마의 기한 동안 보존하여야 하는가?

① 5년   ② **10년**

③ 15년   ④ 20년

해 건설기계 등록원부는 말소 후 10년간 보존해야 한다.

010

고속도로를 운행 중 일 때 안전운전 상 준수사항으로 가장 적합한 것은?

① 정기점검을 실시 후 운행하여야 한다.

② 연료량을 점검하여야 한다.

③ 월간 정비점검을 하여야 한다.

④ **모든 승차자는 좌석 안전띠를 매도록 하여야 한다.**

해 운행 중 준수사항이므로 안전띠 착용 준수가 해당된다.

011

다음 중 긴급자동차가 아닌 것은?

① 소방자동차

② 구급자동차

③ 그 밖에 대통령령이 정하는 자동차

④ 긴급배달 우편물 운송차 뒤를 따라 가는 자동차

해 긴급자동차의 종류 : TIP! : 소구혈 (소방차, 구급차, 혈액공급차), 그 밖에 대통령이 정하는 자동차

012

정기검사 신청을 받은 검사대행자는 며칠 이내 검사일시 및 장소를 통지하여야 하는가?

① 20일   ② 15일

③ 5일   ④ 3일

해 검사대행자의 검사일시 및 장소통지는 신청 받은 때로부터 5일 이내에 한다.

013

건설기계의 조종 중 고의 또는 과실로 가스공급시설을 손괴할 경우 조종사면허의 처분기준은?

① 면허효력정지 10일

② 면허효력정지 15일

③ 면허효력정지 180일

④ 면허효력정지 25일

해 조종사의 고의나 과실로 인한 도시가스사업법 제2조제5호의 규정에 의한 가스공급시설 손괴 시 면허효력정지 180일

014

교차로에서의 좌회전 방법으로 가장 적절한 것은?

① 운전자 편한대로 운전한다.

② 교차로 중심 바깥쪽으로 서행한다.

③ 교차로 중심 안쪽으로 서행한다.

④ 앞차의 주행방향으로 따라가면 된다.

해 교차로에서의 좌회전 방법은 교중안(교차로 중심 안쪽)

015

밀폐된 액체의 일부에 힘을 가했을 때 맞는 것은?

① 모든 부분에 같게 작용한다.

② 모든 부분에 다르게 작용한다.

③ 홈 부분에만 세게 작용한다.

④ 돌출부에는 세게 작용한다.

해 파스칼의 유체의 압력전달 원리는 밀폐관 속의 비압축성 유체의 어느 한 부분에 가해진 압력은 유체의 다른 모든 부분에 그대로 전달된다는 원리이다.

016

유압 컨트롤 밸브 내에 스풀 형식의 밸브 기능은?

① 오일의 흐름 방향을 바꾸기 위해

② 계통 내의 압력을 상승시키기 위해

③ 축압기의 압력을 바꾸기 위해

④ 펌프의 회전 방향을 바꾸기 위해

해 **소**풀밸브는 **방**향제어밸브 중 하나이다.

TIP! : 방-체감스셔

017

그림과 같이 안쪽 날개가 편심된 회전축에 끼워져 회전하는 유압펌프는?

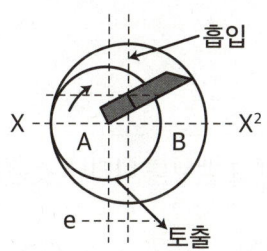

흡입

X — X²

A B

e

토출

① 베인펌프　　② 피스톤 펌프

③ 트로코이드 펌프　　④ 사판 펌프

해 베인 펌프(vane pump)는 유압으로 오일을 높은 곳으로 퍼 올리는 작업이나 적은 압력으로 큰 힘을 내도록 하는 유압기기에 사용된다 안쪽 날개가 편심된 회전축에 끼워져 회전하여 편심펌프라고도 불린다.

018

보기에서 유압 작동유 탱크의 기능으로 모두 맞는 것은?

〈보기〉
ㄱ. 오일의 저장
ㄴ. 오일의 역류 방지
ㄷ. 격판을 설치하여 오일의 출렁거림 방지
ㄹ. 오일온도 조정(방열)

① ㄱ, ㄴ, ㄷ　　② ㄴ, ㄷ, ㄹ

③ ㄱ, ㄷ, ㄹ　　④ ㄱ, ㄴ, ㄹ

해 유압작동유 탱크는 오일의 저장, 격판 설치로 출렁거림 방지, 방열기능을 하지만 역류방지 기능은 하지 않는다.

019

축압기의 용도로 적합하지 않는 것은?

① 유압 에너지의 저장

② 충격 흡수

③ 유량분배 및 제어

④ 압력 보상

해 축압기(어큐뮬레이터)는 유압에너지를 소요량이 적을 때 저장했다가 많은 유량이 필요할 때 사용함으로써 효율을 극대화하고 유압펌프에서 발생하는 맥동을 흡수하여 진동과 소음을 방지하며, 유압회로 중 오일 누설로 인한 압력강하를 보상하는 역할을 한다. 유량분배 및 제어는 밸브계통의 역할이다.

020

유압오일에서 온도에 따른 점도변화 정도를 표시하는 것은?

① 점도   ② 점도 분포

③ 점도 지수   ④ 윤활성

🔹 유압오일에서 온도에 따른 점도변화 정도는 점도지수(VI viscosity index)로 나타낸다. 온도변화에 의한 점도변화가 적은 경우를 점도지수가 높다고 하며 엔진오일은 점도지수가 높은 것이 좋다.

021

작업 중에 유압펌프 유량이 필요하지 않게 되었을 때 오일을 저압으로 탱크에 귀환시키는 회로는?

① 시퀀스 회로   ② 어큐뮬레이션회로

③ 블리드오프회로   ④ 언로드회로

🔹 언로드회로(무부하회로)는 정지 또는 운전대기에 고압작동유가 불필요할 때 유량이 오일을 저압으로 탱크에 귀환시키는 회로다.

> **TIP!** : 부담(부하) 갖지 말고 귀환해!

022

유압 모터와 연결된 감속기의 기어오일 수준 점검 시 유의사항으로 틀린 것은?

① 오일 수준을 점검하기 전에 항상 오일 수준 점검 게이지 주변을 깨끗하게 청소한다.

② 오일 수준 점검 시는 오일의 정상적인 작업 온도에서 점검해야 한다.

③ 오일량이 너무 적으면 모터 유닛(unit)이 올바르게 작동하지 않거나 손상될 수 있으므로 오일량 수준은 정량 유지가 필요하다.

④ 오일량은 냉간 상태에서 가득 채우는 수준이다.

🔹 오일량은 겨울철 완전 냉간상태에서는 부피가 줄어들고 오차가 발생하기때문에 오일게이지가 가득 찬 상태(F)와 부족한 상태(L) 사이에 있으면 된다.

023

그림에서 체크 밸브를 나타낸 것은?

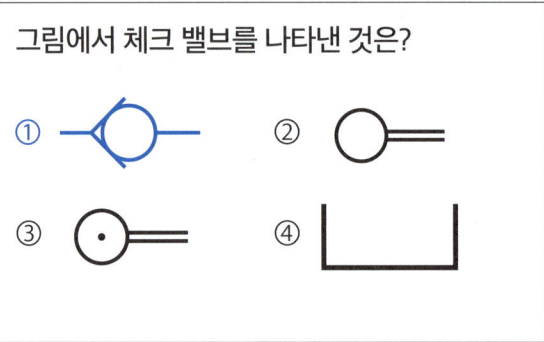

🔹 체크밸브는 두 손 벌려 체크한다로 암기

024

작동 중 라디에이터 캡 쪽으로 물이 상승하면서 연소가스가 누출 시 원인은?

① 실린더 헤드에 균열이 생겼다.

② 분사노즐의 동 와셔가 불량하다.

③ 물 펌프에 누설이 생겼다.

④ 라디에이터 캡이 불량하다.

해 연소가스는 연소실에서 발생하므로 실린더헤드와 실린더사이를 밀봉하는 헤드게스킷 균열로 연소가스가 유출되어 실린더블럭을 감싸고 있는 물재킷의 냉각수 흐름와 섞여 라디에이터 캡 쪽으로 누출되는 과정을 유추할 수 있다. 블로바이(blow-by-gas)는 연소과정에서 연소가스가 피스톤링 아래쪽 크랭크케이스로 누출되는 현상, 대기중으로 방출되어 환경오염을 일으키기도 한다.

025

안전·보건표지의 종류와 형태에서 그림의 안전표지판이 나타내는 것은?

① 보행금지　　　② 작업금지

③ 출입금지　　　④ 사용금지

026

안전관리상 수공구와 관련한 내용으로 가장 적합하지 않은 것은?

① 공구를 사용한 후 녹슬지 않도록 반드시 오일을 바른다.

② 작업에 적합한 수공구를 이용한다.

③ 공구는 목적 이외의 용도로 사용하지 않는다.

④ 사용 전에 이상 유무를 반드시 확인한다.

해 수공구에 오일을 바를 시 손에서 미끄러져 다칠 우려가 있다.

027

아세틸렌 용접장치를 사용하여 용접 또는 절단할 때에는 아세틸렌 발생기로부터 (　　) 이내, 발생기실로부터 (　　) 이내의 장소에서는 흡연 등의 불꽃이 발생하는 행위를 금지하여야 한다. (　　)안에 차례로 들어갈 거리는?

① 3m,　1m

② 5m,　3m

③ 8m,　4m

④ 10m,　5m

해 아세틸렌 발생기로부터 5m, 발생기실로부터 3m 이내에는 흡연, 불꽃 발생 행위 금지

028

방화 대책의 구비사항으로 가장 거리가 먼 것은?

① 소화기구
② 스위치 표시
③ 방화벽, 스프링클러
④ 방화사

📘 화재예방 방화대책에 소화기구, 방화벽, 스프링클러, 방화사는 해당되나 스위치표시는 해당하지 않는다.

029

ILO(국제노동기구)의 구분에 의한 근로 불능 상해의 종류 중 응급조치 상해는?

① 1일 미만의 치료를 받고 다음부터 정상작업에 임할 수 있는 정도의 상해
② 2~3일의 치료를 받고 다음부터 정상작업에 임할 수 있는 정도의 상해
③ 1주 미만의 치료를 받고 다음부터 정상작업에 임할 수 있는 정도의 상해
④ 2주 미만의 치료를 받고 다음부터 정상작업에 임할 수 있는 정도의 상해

📘 근로 불능 상해의 종류
- 응급조치 상해
  : 1일 미만의 치료 후 정상작업에 임할 수 있는 정도의 상해
- 영구 전 노동불능
  : 신체 전체의 노동 기능 완전 상실(1~3급)
- 영구 일부 노동불능
  : 신체 일부의 노동 기능 상실(4~14급)
- 일시 전 노동 불능
  : 일정기간 노동 종사 불가(휴업 상해)

030

스패너 작업 방법으로 옳은 것은?

① 몸 쪽으로 당길 때 힘이 걸리도록 한다.
② 볼트 머리보다 큰 스패너를 사용하도록 한다.
③ 스패너 자루에 조합렌치를 연결해서 사용하여도 된다.
④ 스패너 자루에 파이프를 끼워서 사용한다.

📘 스패너는 몸쪽으로 당길 때 힘이 걸리도록 한다.

031

다음 중 금속나트륨이나 금속칼륨 화재의 소화재로서 가장 적합한 것은?

① 물
② 건조사
③ 분말 소화기
④ 할론 소화기

📘 금속화재 시에는 건조사나 팽창질석 등 금속화재에 적합한 약재를 도포하여 질식 소화한다. 물이나 CO_2소화기는 폭발위험이 있으므로 절대 사용을 금한다.

032

감전사고의 요인을 열거한 것으로 가장 거리가 먼 것은?

① 충전부에 직접 접촉될 경우나 안전거리 이내로 접근하였을 때

② 전기 기계·기구의 절연변화, 손상, 파손 등에 의한 표면누설로 인하여 누전되어 있는 것에 접촉하여 인체가 통로로 되었을 경우

③ 콘덴서나 고압케이블 등의 잔류전하에 의할 경우

④ 송전선로의 철탑을 손으로 만졌을 경우

해 송전선로를 직접 만지면 감전되나 철탑에는 전기가 흐르지 않을 가능성이 크다. 하지만 실제로 특고압 송전선로 아래에 서있기만해도 유도전압에 의해 감전될 수 있으므로 접근에 주의해야한다.

033

지하 전력케이블이 지상 전주로 입상 또는 지상 전력선이 지하 전력케이블로 입하하는 전주 주변에서의 건설기계장비로 작업할 때 가장 올바른 설명은?

① 지하 전력케이블이 지상전주로 입상하는 전주는 전력선이 케이블로 되어있어 건설기계장비가가 접촉해도 무관하다.

② 지상 전주의 전력선이 지하 전력케이블로 입하하는 전주는 전력선이 케이블로 되어 있어 건설기계장비가 접촉해도 무관하다.

③ 전력케이블이 입상 또는 입하하는 전주에는 건설기계장비가 절대 접촉 또는 근접하지 않도록 한다.

④ 전력케이블이 입상 또는 입하하는 전주의 전력선은 모두 케이블로 되어있어 건설기계장비가 근접하는 것은 가능하나, 접촉되지 않으면 된다.

해 전력게이블이 지상으로 입상, 지하로 입하하는 경우 건설기계 장비는 절대 접촉 또는 근접하지 않도록 한다.

034

가스도매사업자의 배관을 시가지의 도로 노면 밑에 매설하는 경우 노면으로부터 배관 외면까지의 깊이는?

① 1.5m 이상　　② 1.2m 이상

③ 1.0m 이상　　④ 0.6m 이상

035

도시가스배관 주위를 굴착 후 되메우기 시 지하에 매몰하면 안 되는 것은?

① 보호포 ② 보호판
③ 라인마크 ④ 전기방식용 양극

해 굴착 후 라인마크는 추후 굴착 시에도 잘 보이도록 해야하며 지하에 매몰해서는 안된다.

036

디젤기관에서 노킹을 일으키는 원인으로 맞는 것은?

① 흡입공기의 온도가 높을 때
② 착화지연기간이 짧을 때
③ 연료에 공기가 혼입되었을 때
④ 연소실에 누적된 연료가 많이 일시에 연소할 때

해 노킹은 기관과냉, 착화지연 등으로 연소실에 누적된 연료가 일시에 연소하면서 "딱딱"하는 소음이 발생하는 현상이며 엔진 이상과열과 출력저하의 원인이 된다.

037

기관과열의 직접적인 원인이 아닌 것은?

① 팬벨트의 느슨함
② 라디에이터의 코어 막힘
③ 냉각수 부족
④ 타이밍 체인(timing chain)의 헐거움

해 엔진은 언제나 고온의 환경에서 일을 하므로 기관과열의 원인은 냉각계통의 문제를 먼저 생각한다. 냉각수 부족, 팬벨트의 느슨함, 라디에이터(냉각장치)의 코어 막힘은 모두 냉각 계통의 문제이나 타이밍 체인(벨트)은 캠축과 크랭크 축의 기어를 연결하여 동기화하는 엔진 부품이다.

038

디젤기관에서 감압장치의 기능으로 가장 적절한 것은?

① 크랭크축을 느리게 회전시킬 수 있다.
② 타이밍 기어를 원활하게 회전시킬 수 있다.
③ 캠축을 원활히 회전시킬 수 있는 장치이다.
④ 밸브를 열어주어 엔진을 가볍게 회전시킨다.

해 감압장치는 시동 보조 장치로 엔진 시동 시 캠축의 운동과 관계없이 흡배기 밸브를 강제로 열어 실린더내 압력을 감압시킴으로써 엔진 회전을 가볍게 한다.

039

다음 중 기관정비 작업 시 엔진블록의 찌든 기름때를 깨끗이 세척하고자 할 때 가장 좋은 용해액은?

① 냉각수　　　　② 절삭유
③ 솔벤트　　　　④ 엔진오일

해 엔진 블록의 찌든 기름때를 깨끗이 세척 시에는 솔벤트를 사용한다.

040

기관 방열기에 연결된 보조탱크의 역할을 설명한 것으로 가장 적합하지 않은 것은?

① 냉각수의 체적팽창을 흡수한다.
② 장기간 냉각수 보충이 필요 없다.
③ 오버플로(overflow)되어도 증기만 방출된다.
④ 냉각수 온도를 적절하게 조절한다.

해 보조탱크에 냉각수온조절 기능은 없다. 보통 냉각수 온도를 조절하는 수온조절기(thermostat 써모스탯, 온도 조절기)는 실린더 헤드의 냉각수 통로 출구에 설치된다.

041

냉각장치에서 밀봉 압력식 라디에이터 캡을 사용하는 것으로 가장 적합한 것은?

① 엔진온도를 높일 때
② 엔진온도를 낮게 할 때
③ 압력밸브가 고장일 때
④ 냉각수의 비점을 높일 때

해 밀봉 압력식 라디에이터 캡 높은 압력으로 냉각수의 끓는점(비점)을 높이는 역할을 한다.

042

유압펌프에서 펌프량이 적거나 유압이 낮은 원인이 아닌 것은?

① 오일탱크에 오일이 너무 많을 때
② 펌프 흡입라인 막힘이 있을 때(여과망)
③ 기어와 펌프 내벽 사이 간격이 클 때
④ 기어 옆 부분과 펌프 내벽 사이 간격이 클 때

해 흡입라인이 막혀 오일을 제대로 공급해주지 못하거나 기어와 펌프 내벽 사이가 커 펌프압력전달이 힘든 경우 펌프량이 적거나 유압이 낮은 원인이 된다. 하지만 탱크 내 오일이 너무 많은 것은 펌프량이 적거나 유압이 낮은 원인이 아니다.

043

지게차의 작업방법 중 틀린 것은?

① 경사 길에서 내려올 때는 후진으로 진행한다.

② 주행방향을 바꿀 때에는 완전 정지 또는 저속에서 운행한다.

③ 틸트 시에는 적재물이 백레스트에 완전히 닿도록 하고 운행한다.

④ 조향륜이 지면에서 5cm 이하로 떨어졌을 때에는 밸런스 카운터 중량을 높인다.

🖭 조향륜(뒷바퀴)이 지면에서 떨어진 것은 규정된 적재 용량을 초과하여 적재한 것으로 해당 지게차의 적재용량 내에서 작업하도록 한다.

044

축전지의 취급에 대한 설명 중 옳은 것은?

① 2개 이상의 축전지를 직렬로 배선할 경우 +와 +, -와 -를 연결한다.

② 축전지의 용량을 크게 하기 위해서는 다른 축전지와 직렬로 연결하면 된다.

③ 축전지의 방전이 거듭 될수록 전압이 낮아지고 전해액의 비중도 낮아진다.

④ 축전지를 보관할 때는 될수록 방전시키는 편이 좋다.

🖭 축전지의 방전이 거듭되면 내부저항이 증가하여 충전 시 전해액의 온도 상승이 커지고 비중상승은 낮아지고 가스발생이 심해져 용량이 감소하고 전압은 낮아지며 수명이 단축된다.

045

로더로 제방이나 쌓여 있는 흙더미에서 작업할 때 버킷의 날을 지면과 어떻게 유지하는 것이 가장 좋은가?

① 20° 정도 전경 시킨 각

② 30° 정도 전경 시킨 각

③ 버킷과 지면이 수평으로 나란하게

④ 90° 직각을 이룬 전격각과 후경을 교차로

🖭 제방이나 쌓여있는 흙더미 작업 시 로더의 버킷날은 지면과 수평으로 나란하게 한다.

046

타이어식 건설기계장비에서 동력전달 장치에 속하지 않는 것은?

① 클러치　　　　② 종감속 장치

③ 과급기　　　　④ 타이어

🖭 엔진에서 생산된 동력은 클리치, 변속기, 종감속 기어, 차륜(타이어)순으로 전달된다. 과급기(터보차저)는 엔진출력을 향상시키는 기관 부품에 속한다.

047

굴착기에서 매 1000시간마다 점검 정비해야 할 항목으로 맞지 않는 것은?

① 작동유 배수 및 여과기교환

② 어큐뮬레이터 압력점검

③ 주행감속기 기어의 오일교환

④ 발전기, 기동전동기 점검

🖭 각 작동부의 작동유 배수(교환) 및 오일필터(여과기) 교환은 분기정비로 매 500시간마다 한다.

048

무한궤도식 건설기계에서 리코일 스프링의 주된 역할로 맞는 것은?

① 주행 중 트랙 전면에서 오는 충격 완화

② 클러치의 미끄럼 방지

③ 트랙 벗겨짐 방지

④ 버킷에 걸리는 하중 방지

해 리코일스프링은 전면 충격 완화의 역할을 한다.

049

보행자가 통행하고 있는 도로를 운전 중 보행자 옆을 통과할 때 가장 올바른 방법은?

① 보행자가 앞을 속도 감소 없이 빨리 주행한다.

② 경음기를 우리면서 주행한다.

③ 안전거리를 두고 서행한다.

④ 보행자가 멈춰 잇을 때는 서행하지 않아도 된다.

해 보행자 옆을 통과 시 안전거리를 두고 서행한다.

050

건설기계 등록번호표에 표시되는 않는 것은?

① 기종   ② 등록관청

③ 용도   ④ 연식

해 건설기계 등록번호표에 연식은 표시되지 않는다.

051

유압모터의 용량을 나타내는 것은?

① 입구 압력(kgf/cm²)당 토크

② 유압 작동부 압력(kgf/cm²)당 토크

③ 주입된 동력(HP)

④ 체적(cm³)

해 유압모터의 용량은 입구압력 당 돌림힘, 회전력(回轉力), 토크(torque)로 나타낸다.

052

유압오일의 온도가 상승할 때 나타날 수 있는 결과가 아닌 것은?

① 점도 저하   ② 펌프 효율 저하

③ 오일 누설의 저하   ④ 밸브류의 기능 저하

해 유압유의 온도 상승은 점도를 떨어뜨려 오일 누설이 증가할 우려가 있다. 또한 유압유 온도 상승은 점도 저하에 따른 압력 감소로 펌프효율이 저하되고 밸브류의 기능 저하를 일으킬 수 있다.

053

유압펌프 점검에서 작동유 유출 여부 점검사항이 아닌 것은?

① 정상작동 온도로 난기 운전(warm-up)을 실시하여 점검하는 것이 좋다.

② 고정 볼트가 풀린 경우에는 추가 조임을 한다.

③ 작동유 유출 점검은 운전자가 관심을 가지고 점검하여야 한다.

④ 하우징에 균열이 발생되면 패킹을 교환한다.

해 유압펌프 하우징은 엄청난 압력을 견디도록 설계된 철구조물로 균열발생 시 용접이나 교체등을 고려할 수 있으나 패킹 교환은 부절적한 조치이다.

054

유압장치에서 유압조절밸브의 조정방법으로 옳은 것은?

① 압력조정밸브가 열리도록 하면 유압이 높아진다.

② 밸브스프링의 장력이 커지면 유압이 낮아진다.

③ 조정 스크류를 조이면 유압이 높아진다.

④ 조정 스크류를 풀면 유압이 높아진다.

해 유압조절밸브의 조정스크류는 수도꼭지와 같다고 생각하자. 조정스크류를 조이면 유로가 좁아져 압력이 높아지고, 조정스크류를 풀면 유로가 넓어져 압력이 높아진다.

055

가연성 가스 저장실에 안전사항으로 옳은 것은?

① 기름걸레를 이용하여 통과 통 사이의 끼워 충격을 적게 한다.

② 휴대용 전등을 사용한다.

③ 담배 불을 가지고 출입한다.

④ 조명은 백열등으로 하고 실내에 스위치를 설치한다.

해 가연성 가스 저장실에서는 누전 등으로 화재발생 위험이 있는 전기 스위치나 백열 조명보다는 휴대용 전등을 사용하는 것이 좋다.

056

연삭기 사용 작업시 발생할 수 있는 사고와 가장 거리가 먼 것은?

① 회전하는 연삭숫돌의 파손

② 비산하는 입자

③ 작업자 발의 협착

④ 작업자의 손이 말려 들어감

해 연삭기는 연삭숫돌을 고속으로 회전시켜, 가공물의 표면을 조금씩 정밀하게 가공하는 기계이다. 발의 협착과는 거리가 멀다.

057

하부추진체가 휠(타이어형)로 되어있는 건설기계가 커브를 돌 때 선회를 원활하게 해주는 장치는?

① 차동장치　　　② 변속기
③ 최종 구동장치　④ 트랜스퍼케이스

해 차동장치는 좌우 바퀴의 회전수에 차이를 둬 원활한 선회가 가능하도록 해주는 장치이다.

058

토크렌치의 가장 올바른 사용법은?

① 렌치 끝을 한 손으로 잡고 돌리면서 눈은 게이지 눈금을 확인한다.
② 렌치 끝을 양손으로 잡고 돌리면서 눈은 게이지 눈금을 확인한다.
③ 왼손은 렌치 중간 지점을 잡고 돌리며 오른손은 지지점을 누르고 게이지 눈금을 확인한다.
④ 오른손은 렌치 끝을 잡고 돌리며 왼손은 지지점을 누르고 눈은 게이지 눈금을 확인한다.

059

인화성 물질이 아닌 것은?

① 아세틸렌가스　② 가솔린
③ 프로판가스　　④ 산소

해 인화성 물질이란 주변 온도에서 쉽게 점화되는 가연성 물질로 산소는 포함되지 않는다.

060

작업현장에서 사용되는 안전표지 색으로 잘못 짝지어진 것은?

① 빨간색 – 방화표시
② 노란색 – 충돌·추락 주의 표시
③ 녹색 – 비상구 표시
④ 보라색 – 안전지도 표시

해
- 안전모 안전대 착용 등 안전지도(지시)표지는 파란색
- 보행자, 미끄럼, 틈새 주의 등 주의 경고 표지는 노란색
- 비상구, 대피소 등 안전, 피난, 위생, 구호 표지는 녹색
- 소화전, 소화기, 비상경보 등 긴급, 소방(방화), 고도위험 표지는 빨간색

빈출모의고사 문제형 5회

001

지게차의 운전장치에 대한 설명으로 틀린 것은?

① 틸트레버 뒤로 당기면 마스트는 뒤로 기운다.

② 리프트 레버를 앞으로 밀면 포크가 내려간다.

③ 전후진 레버를 뒤로 당기면 후진한다.

④ 전후진 레버를 앞으로 밀면 후진한다.

해 **마스트의 전후 틸팅**
  - 틸트레버 당김(뒤로) 밀기(앞으로 기운다)
  포크의 상승 하강
  - 리프트레버 당김(상승) 밀기(하강)
  전후진(기어)
  - 전후진레버 당김(뒤로 후진) 밀기(앞으로 전진)

002

지게차 워밍업 운전 시 전후 틸팅, 포크 상승 하강을 2~3회 실시하는 이유는?

① 유압탱크 내 공기빼기 작업이다.

② 오일 여과기 내 찌꺼기를 제거하는 작업이다.

③ 실린더 오일링의 마모방지를 위해서이다.

④ 유압작동유의 온도를 올리기 위해서이다.

해 지게차의 작업장치는 유압으로 작동되므로 유압작동유의 온도를 올려주기 위한 목적으로 마스트 전후 틸팅, 포크 상승하강을 2~3회 실시 워밍업을 한다.

003

지게차의 리프트체인에 사용되는 오일로 가장 적합한 것은?

① 엔진오일   ② 작동유

③ 브레이크유   ④ 그리스

해 지게차의 리프트체인에는 엔진오일을 사용한다.

004

지게차의 작업장치 중 화물을 눌러주는 압착판이 설치되어 불안전한 화물의 낙하를 방지하는 것은?

① 포크 포지셔너   ② 로테이팅 클램프

③ 사이드 클램프   ④ 로드 스테빌라이저

005

지게차의 작업용도에 따라 선택하여 부착할 수 있는 장치가 아닌 것은?

① 로테이팅 장치   ② 클램프

③ 로드 스테빌라이저   ④ 폴더블 마스트

해 로테이팅(360도 회전가능) 장치, 클램프(좌우 집게형), 로드 스테빌라이저(포크위에서 눌러 화물을 고정)는 지게차의 용도에 따라 부착가능한 작업장치이나 폴더블 마스트라는 장치는 없다.

006

지게차에서 리프트 실린더의 주 역할은?

① 마스트 틸팅   ② 포크 전후 이동

③ 포크 간격조절   ④ 포크 상승하강

해 리프트 실린더의 주 역할은 포크의 상승과 하강이다.

007

지게차의 리프트 실린더 작동회로에 적용된 레귤레이터(슬로우리턴)밸브의 역할은 무엇인가?

① 마스트를 전경 또는 후경 시킨다.

② 포크 상승 하강 시 압력을 높이는 작용을 한다.

③ 포크 상승 중 급정지 시 작동유의 누유를 방지한다.

④ 포크를 하강시킬 때 천천히 내려오도록 작용한다.

해 지게차의 레귤레이터 밸브는 포크 하강 시 천천히 내려오도록 작용한다.

008

지게차의 일반적 구동방식은?

① 앞바퀴구동   ② 4륜구동

③ 뒷바퀴구동   ④ 무한궤도식 구동

해 지게차는 일반적으로 앞바퀴로 구동, 뒷바퀴로 조향한다.

009

지게차의 클러치 동력전달 순서는?

① 엔진 - 클러치 - 변속기 - 종감속기어 및 차동장치 - 앞구동축 - 차륜

② 엔진 - 클러치 - 종감속기어 및 차동장치 - 앞구동축 - 변속기 - 차륜

③ 엔진 - 변속기 - 클러치 - 종감속기어 및 차동장치 - 앞구동축 - 차륜

④ 엔진 - 변속기 - 종감속기어 및 차동장치 - 앞구동축 - 클러치 - 차륜

해 지게차 동력전달 순서는 TIP! : 엔클변종앞차 로 암기한다.

010

지게차의 인칭조절장치에 대한 설명으로 맞는 것은?

① 트랜스미션 내부에 있다.

② 유압탱크 내부에 있다.

③ 엔진 구성품 중 하나이다.

④ 작업장치의 유압상승을 억제한다.

해 인칭조절 장치는 트랜스미션 내부에 위치한다.

011

지게차의 인칭조절 장치의 역할은 무엇인가?

① 유압유내에 기포분리 제거

② 유압라인 파손 마모방지

③ 브레이크 조절로 제동력 상승

④ 지게차를 서서히 화물에 접근시키거나 신속한 리프트 상승 제어

해 인칭조절 장치는 트랜스미션 내부에 위치하여 지게차를 서서히 화물에 접근시키거나 신속한 리프트 상승을 제어하는 역할을 한다.

012

지게차 조향장치의 유압 조향 실린더 작동기와 밸크랭크 사이에 설치되는 것은?

① 핑거보드   ② 기어박스

③ 구동밸트   ④ 드래그링크

해 조향실린더와 밸크랭크 사이에는 드래그링크가 설치되어 있다. TIP! : 밸-드-실

013

지게차의 마스트를 기울일 때 갑자기 시동이 정지되었다면 어떤 밸브가 작동하여 그 상태를 유지시키는가?

① 틸트락 밸브   ② 틸트 밸브

③ 리프트 밸브   ④ 릴리프 밸브

해 마스트를 기울일 때(틸트) 시동이 꺼지면 틸트락 밸브가 작동하여 상태를 유지시켜 위험을 방지한다.

014

먼지가 많이 발생하는 장소에서 착용해야 하는 마스크는?

① 산소마스크   ② 패션마스크

③ 방진마스크   ④ 방독마스크

015

장갑을 끼고 작업할 때 위험한 것은?

① 건설기계 운전   ② 오일 교환작업

③ 타이어교환작업   ④ 해머작업

해 해머작업 시 장갑을 끼면 미끄러져 손에서 빠져나갈 수 있다.

016

산업재해 발생원인 중 직접적 원인은?

① 유전적 원인   ② 인류의 원시결함

③ 사회인문 환경   ④ 불안전한 행동

해 작업 당사자의 불안전한 행동은 재해발생의 직접적 원인이다.

017

안전보건표지를 제작할 때 규격과 거리가 가장 먼 것은?

① 모양   ② 색깔

③ 내용   ④ 표지판 재질

해 안전보건표지 규격에 모양, 색깔, 내용은 규정하고 있으나 표지판 재질은 정해져 있지 않다.

018

작업장에서 일상적인 안전 점검의 가장 주된 목적은?

① 시설 및 장비의 보유 현황을 점검

② 안전작업 표준의 적합 여부를 검토

③ 관련법 적합여부를 검토

④ 위험을 사전에 발견하여 사고를 미연에 방지

019

기계의 회전부위에 덮개를 설치하는 목적은?

① 좋은 품질을 위해

② 회전속도 향상

③ 제품제작과정의 보안

④ 회전부위 신체접촉 방지

020

교통사고 발생시 운전자가 가장 먼저 취해야 할 행동은?

① 즉시 피해자 가족에게 알린다.

② 즉시 모범운전자에게 신고한다.

③ 즉시 보험회사에 신고한다.

④ 즉시 사상자를 구호, 경찰에 신고한다.

해 사상자 구호가 우선이다.

021

건설기계 성능이 불량 또는 사고가 빈번한 건설기계의 안전성 점검을 위해 수시로 실시하는 검사와 소유자의 신청에 의해 실시하는 검사는?

① 정기검사　　　　② 구조변경검사

③ 신규등록검사　　④ 수시검사

해 성능불량, 안전점검을 위해 수시로 실시하는 검사와 소유자의 신청에 의해 실시하는 검사는 수시검사이다.

022

고의로 경상 3명의 인명피해를 입힌 건설기계 조종사에 대한 면허 취소정지 기준은?

① 면허취소　　　　② 면허정지 15일

③ 면허정지 45일　④ 면허정지 60일

해 경상 중상 여부를 불문하고 "고의로" 인명피해를 입힌 경우는 면허취소

023

화재예방 조치로 옳지 않은 것은?

① 유류취급 장소에는 방화수를 준비한다.

② 가연성 물질은 인화위험성이 있는 장소를 피한다.

③ 흡연은 정해진 장소에서만 한다.

④ 화기는 정해진 장소에서만 취급한다.

해 유류화재 진화에 방화수는 적합하지 않다.

024

수공구를 이용 일상정비 시 부적절한 사항은?

① 수공구는 서랍 등에 잘 정리 정돈 한다.

② 수공구는 용도 외에 사용하지 않는다.

③ 수공구로 작업 시 손에서 놓치지 않도록 주의한다.

④ 작업속도를 빠르게 하기위해 장비위에 올려놓고 사용한다.

025

일시정지 안전 표지판이 설치된 횡단보도에서 위반사항은?

① 횡단보도 직전에 일시정지, 안전확인 후 통과했다.

② 연속적으로 진행중인 앞차의 뒤를 따라 진행할 때 일시정지했다.

③ 경찰의 진행신호를 따라 일시정지 하지 않고 통과했다.

④ 보행자가 보이지 않아 그대로 통과했다.

🖼 일시정지 안전 표지판이 설치되어 있으므로 보행자가 보이지 않더라도 일시정지 해야한다.

026

안전관리의 근본 목적으로 가장 적합한 것은?

① 생산과정의 효율화

② 생산량 증대

③ 생산시설의 고도화

④ 근로자의 생명과 신체의 보호

027

현장 작업자가 실시하는 안전점검과 가장 거리가 먼 것은?

① 장비 및 공구의 상태

② 안전보호구의 적정성 여부

③ 작업장 정리 정돈

④ 안전에 대한 방침수립 및 상황보고

🖼 안전에 대한 방침수립 및 상황보고는 현장작업자가 아니라 관리자가 해야할 사항이다.

028

공구사용 시 주의사항으로 틀린 것은?

① 주위환경에 주의해서 작업

② 강한 충격을 가하지 않을 것

③ 해머 작업 시 보호안경을 쓸 것

④ 손이나 공구에 기름을 바른 다음에 작업할 것

029

수공구 취급 시 지켜야 할 안전수칙 중 옳은 것은?

① 해머작업 시 장갑을 낀다.

② 큰회전력이 필요 시 스패너에 파이프를 끼워서 사용한다.

③ 줄질 후 쇳가루는 입으로 후 불어낸다.

④ 사용전에 사용법을 충분히 숙지하고 익히도록 한다.

030

보호구의 구비조건으로 틀린 것은?

① 착용이 간편해야 한다.

② 작업에 방해가 되지 않아야 한다.

③ 구조와 끝 마무리가 양호해야 한다.

④ 유해, 위험 요소에 대한 방호성능이 경미해야 한다.

해 보호구는 방호성능이 우수해야 한다.

031

유류 화재 시 소화방법으로 가장 부적절한 것은?

① 물을 부어 끈다.

② ABC 소화기를 사용한다.

③ 모래를 뿌린다.

④ B급화재 소화기를 쓴다.

해 유류화재 시 물을 뿌리면 물이 끓어오르며 폭발하여 튀어올라 불길이 오히려 확산된다.

032

도로교통법 상 가장 우선하는 신호는?

① 운전자의 수신호

② 안전표지의 지시

③ 신호기의 신호

④ 경찰공무원의 수신호

해 경찰공무원의 수신호를 가장 우선한다.

033

전기장치의 퓨즈가 끊어져 새것으로 교체했지만 또 끊어졌다면?

① 계속 교체한다.

② 용량이 큰 것으로 교체한다.

③ 구리선이나 납선으로 바꾼다.

④ 전기장치의 고장개소를 찾아 수리한다.

해 같은 곳의 퓨즈가 계속 끊어진다면 전기장치 자체의 고장일 가능성이 크므로 고장개소를 찾아 수리한다.

034

22.9kV 배전선로에 접근하여 굴착작업 시 안전관리 상 맞는 것은?

① 전력선이 활선인지 확인 후 안전조치 상태에서 작업한다.

② 안전관리자의 지시없이 알아서 작업한다.

③ 해당시설 관리자는 입회하지 않아도 무방하다.

④ 전력선에 접촉되더라도 끊어지지 않으면 사고는 발생하지 않는다.

035

낙하 추락 또는 감전에 의한 머리의 위험을 방지하는 보호구는?

① 안전대　　　　② 안전모

③ 안전화　　　　④ 안전장갑

036

보호구의 구비조건으로 틀린 것은?

① 착용이 간편할 것

② 외양과 외관이 아름다울 것

③ 위험요소에 대한 방호성능이 우수할 것

④ 작업에 방해가 되지 않을 것

037

작업장의 전기가 예고없이 정진이 되었을 때 전기로 작동하는 기계기구의 조치방법으로 틀린 것은?

① 안전을 위해 작업장을 정리해 둔다.

② 퓨즈의 단선유무를 검사한다.

③ 즉시 스위치를 끈다.

④ 전기가 들어오는 것을 알리기 위하여 스위치를 켜둔다.

🖥 예고 없는 정전 시에는 즉시 스위치를 끄고 퓨즈의 단선 유무를 검사한다.

038

동력전달 장치에서 가장 재해가 많이 발생하는 것은?

① 벨트　　　　② 차축

③ 피스톤　　　　④ 기어

🖥 동력전달장치에서 재해가 가장 많이 발생하는 곳은 벨트부분이다.

039

3톤 미만 지게차의 소형건설기계 조종교육시간은?

① 이론 6시간, 실습 6시간

② 이론 6시간, 실습 12시간

③ 이론 4시간, 실습 8시간

④ 이론 12시간, 실습 6시간

해 **3톤 미만 굴착기, 로더, 지게차**

  – 이론 6시간, 실습 6시간

3톤 이상 5톤 미만 로더, 5톤 미만 불도저

  – 이론 6시간, 실습 12시간

3톤 미만 지게차는 반드시 자동차운전면허를 소지해야

040

기관 실린더벽에서 마멸이 가장 크게 일어나는 부위는?

① 상사점 부근

② 하사점 부근

③ 중간 부분

④ 하사점 이하

해 연소실과 가장 가까운 상사점 부근 실린더 상단의 벽에서 마멸이 가장 크다. 피스톤 상하운동에서 피스톤이 연소실과 가장 가까운 높은 지점을 상사점, 가장 낮은 지점을 하사점이라 한다.

연소실 폭발

피스톤 상하운동

실린더 상단
실린더 중간
실린더 하단

041

유압실린더는 유체의 힘을 어떤 운동으로 바꾸는가?

① 직선운동

② 회전운동

③ 곡선운동

④ 비틀림운동

해 유압실린더는 유체의 힘을 직선운동(피스톤의 상하운동)으로 바꾼다.

042

엑추에이터의 입구쪽 관로에 설치한 유량제어밸브로 흐름을 제어하여 속도를 제어하는 회로는?

① 미터인 회로

② 미터 아웃 회로

③ 블리드 오프 회로

④ 시스템 회로

해 엑추에이터의 입구쪽 관로에 유량제어밸브 설치로 속도를 제어하는 미터인 회로
엑추에이터의 출구쪽 관로에 설치 시는 미터 아웃 회로

043

건설기계에 사용되는 유압실린더는 어떠한 작용을 응용한 것인가?

① 파스칼의 원리　　② 지렛대의 원리

③ 베르누이의 정리　④ 후크의 법칙

해 유압실린더는 파스칼의 원리를 응용한 것이다.

- 파스칼의 원리 : 밀폐된 용기속 유체의 일부에 가해진 압력은 모든 부분에 수직으로 동일하게 작용한다.(피스톤)
- 지렛대의 원리 : 브레이크 페달의 원리
- 베르누이의 정리 : 유체의 속도와 압력 높이의 관계(유압식브레이크)
- 후크의 법칙 : 고체에 힘을 가할 때 변형되는 양은 힘의 크기에 비례한다.

044

유압에너지를 공급받아 회전운동을 하는 기기는 무엇인가?

① 모터　　　　　② 펌프

③ 밸브　　　　　④ 롤러 리미트

해 유압에너지로 회전운동을 하는 기기는 유압모터다.

045

엔진의 윤활유 소비량이 과다해지는 가장 큰 원인은?

① 피스톤 링 마멸

② 기관의 과냉

③ 오일 여과지 필터 불량

④ 냉각펌프 손상

해 피스톤 링 마멸이나 실린더 벽 마모로 유격이 생기게 되면 엔진오일이 연소실로 유입되어 연료와 같이 연소된다.

046

유압식 밸브 리프터의 장점이 아닌 것은?

① 밸브 간극이 자동으로 조정된다.

② 밸브 구조가 간단하다.

③ 밸브개폐시기가 정확하다.

④ 밸브기구의 내구성이 좋다.

해 유압식 밸브 리프터는 엔진 오일의 압력을 이용하여 온도 변화에 관계없이 밸브 간극을 자동으로 조정하여 밸브 개폐 시기가 정확하게 유지되도록 하는 장치로 밸브자체의 내구성은 좋으나 오일펌프의 고장 시 작동이 불량해지고 구조가 복잡한 단점이 있다.

047

운전 중 갑자기 계기판에 충전경고등이 들어왔다면?

① 정상적으로 충전이 되지 않고 있음을 나타낸다.

② 충전계통에 이상이 없음을 나타낸다.

③ 주기적으로 점등되었다가 소등된다.

④ 정상적 충전이 되고 있음을 나타낸다.

해 충전경고등은 정상적으로 충전이 되고 있지 않음을 뜻한다.

048

건설기계에서 2개의 축전지를 직렬로 연결 시에 변화는?

① 전압이 증가한다.

② 전류가 증가한다.

③ 비중이 증가한다.

④ 전압 전류 모두 증가한다.

해 전압 두배, 전류 그대로 - 직렬연결
전류 두배, 전압 그대로 - 병렬연결

TIP! : 압두직, 류두병

049

다음 중 건설기계 임시운행 사유가 아닌 것은?

① 등록신청을 위해 등록지로 운행

② 수출을 위해 선적지로 운행

③ 판매/전시를 위해 일시적으로 운행

④ 수리를 위해 정비업체로 운행

해 임시운행은 말 그대로 아직 정식으로 등록되지 않은 차량을 일시적으로 운행할 때 사용되는 용어다. 수리를 위해 정비업체로 가는 차량은 임시운행과 관련이 없다.

050

유압장치 구성요소가 아닌 것은?

① 제어밸브   ② 오일탱크

③ 펌프   ④ 유니버셜 조인트

해 유압장치 구성요소는 TIP! : 밸탱펌 (밸브, 탱크, 펌프) 유니버셜 조인트는 십자축이음, 자재이음이라고도 하며 엑슬(축)을 연결하는 부품으로 유압장치 구성요소가 아니다.

051

직동형, 피스톤(플런저)형 등의 종류가 있고, 회로의 압력을 일정하게 유지시키는 밸브는?

① 릴리프 밸브   ② 메이크업밸브

③ 시퀀스밸브   ④ 무부하밸브

해 회로의 압력을 일정하게 유지시키는 밸브는 릴리프밸브다. (진정해, 일정하게 유지해 줄게)

052

유압장치에서 회전펌프가 아닌 것은?

① 기어펌프 ② 로터리펌프

③ 베인펌프 ④ **피스톤펌프**

해 피스톤펌프는 피스톤의 왕복운동을 통해 힘을 전달하므로 회전형 펌프가 아니다.

053

유압실린더의 구성품이 아닌 것은?

① 피스톤로드 ② 피스톤

③ 실린더 ④ **커넥팅로드**

해 커넥팅로드는 피스톤이 실린더 내에서 직선 상하 왕복운동을 통해 얻어진 운동에너지를 크랭크 축의 회전 운동에너지로 변환시켜주는 엔진부품이다. 엔진의 실린더는 유압실린더가 아니다.

054

유압실린더의 종류가 아닌 것은?

① 단동실린더 ② 복동실린더

③ 복동양로드형 ④ **레이디얼형**

해 유압실린더 종류

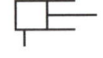 단동실린더(편로드)

 복동 편로드형

 복동 양로드형

레이디얼형은 없다.

055

일반적인 오일탱크 구성품이 아닌 것은?

① 드레인 플러그 ② 배플플레이트

③ 스트레이너 ④ **압력조절기**

해 **오일탱크 구성품** TIP! : **플스주면배플** 이지~

　– 드레인 **플**러그, **스**트레이너, **주**입구, 유**면**계, **배플**플레이트

056

전기 감전사고 예방을 위해 필요한 설비 중 가장 중요한 것은?

① 고압계 설비 ② 방폭등 설비

③ 전위 상승 설비 ④ **접지 설비**

해 감전사고 예방을 위해 가장 중요한 설비는 접지설비다.

057

교류발전기 부품이 아닌 것은?

① 다이오드 ② 슬링입

③ 로터 ④ **전류 조정기**

해 **교류발전기구성품** – TIP! : **슬브다로스**

　– **슬**링립, **브**러시, **다**이오드, **로**터, **스**테이터코일

058

유압장치 중 고압 소용량, 저압 대용량 펌프 조합으로 운전 시 규정압력 이상으로 상승할 때 동력절감을 위해 사용하는 밸브는?

① 감압밸브　　　　② 시퀀스밸브

③ 릴리프밸브　　　④ **무부하밸브**

해　**압력 제어밸브의 종류**

- 카운터밸런스밸브 – 낙하방지

- 릴리프밸브 - 최고압력 제한, 일정하게 유지

- 리듀싱(감압)밸브 - 감압

- 무부하밸브 - 동력절감

- 시퀀스밸브 - 작동순서 조절

059

피스톤링의 작용으로 틀린 것은?

① 기밀작용　　　　② 오일제어작용

③ 열전도작용　　　④ **완전연소 억제작용**

해　피스톤링은 피스톤의 헤드 부분의 링으로 피스톤과 실린더의 틈새로 가스가 새지 않도록 하고(기밀작용), 실린더 벽면의 윤활유를 긁어내어 연소실로 유입되지 않도록 하며(오일제어작용) 피스톤의 열을 실린더에 전달하는 역할을 한다.(열전도작용)

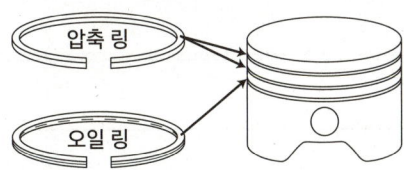

060

유압기호 중 다음 기호가 나타내는 것은?

① **유압동력원**　　② 전동기

③ 공기유압 변환기　④ 유압압력계

　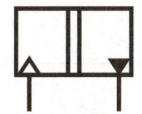

전동기　　　　　공기유압변환기

유압 압력계　　　가변용량형 유압펌프

지게차기능사

기출스피드 문답 암기
300제

유튜브 검색창에 [지게차 빈출모의고사]로 검색하셔서 영상과 함께 공부하세요!

기출스피드 문답 암기 300제 Part 1

001

디젤기관에서 압축행정 시 밸브의 상태는?

▶ 흡기, 배기 밸브가 모두 닫혀있다.

해 TIP!: 흡압똥배 (흡입-압력-동력-배기 행정)에서 흡입된 공기를 압축시키려면 흡기, 배기밸브 모두 닫혀 있어야 한다.

002

연소장치에서 혼합비가 희박할 때 기관에 미치는 영향은?

▶ 출력(동력)감소

해 혼합비가 희박하다는 건 연료대비 공기량이 많다는 의미로 출력(동력)감소를 가져온다.

003

기관의 부동액으로 사용할 수 없는 것은?

① 글리셀린　　② 에틸렌글리콜

③ 알코올　　④ 메탄 (×)

해 메탄은 폭발 위험이 있어 부동액으로 부적당

004

기관의 속도에 따라 자동적으로 분사시기를 조정하여 운전을 안정되게 하는 것은?

▶ 타이머

해 분사시기 조정 - 타이머

005

건설기계에 사용하고 있는 필터의 종류가 아닌 것은?

① 고압필터　　② 저압필터

③ 흡입필터　　④ 배출필터 (×)

해 건설기계 필터종류 TIP!: 흡! 고! 저!

006

휘발유 화재 시 가장 적합한 소화 방법은?

▶ 탄산가스 소화기의 사용

해 물 호스 사용 (×) 불의 확대방지 덮개 사용 (×)
소다, 가성소다의 사용 (×)

007

기관과열의 주요원인이 아닌 것은?

① 라디에이터 코어의 막힘

② 냉각장치 내부의 물 때 과다

③ 냉각수의 부족

④ 엔진오일량 과다 (×)

해 엔진오일량 과다는 엔진과열과 무관

008

기관오일이 전달되지 않는 곳은?

① 피스톤링   ② 피스톤

③ 피스톤로드   ④ 플라이휠 (×)

해 플라이휠에는 엔진오일이 전달 되지 않는다.

009

가동 중에 발전기가 고장 났을 때 발생할 수 있는 현상이 아닌 것은?

▶ 배터리가 방전되어 시동이 꺼지게 된다 (×)

해 발전기 고장났다고 배터리가 바로 방전되어 시동이 꺼지지는 않는다.

010

디젤기관의 노킹 발생 원인 아닌 것은?

▶ 고세탄가 연료를 사용 (×)

해 세탄가는 경유의 착화성을 나타낸다. 고세탄가란 불이 잘붙는다는 뜻이므로, 착화지연으로 인한 연료누적으로 연소실의 이상연소가 일어나는 노킹과는 관련이 없다.

011

오일펌프 여과기(oil pump filter)역할 아닌 것은?

▶ 오일 압력 조절 (×)

해 오일펌프 여과기는 압력조절기능은 없다.

012

실린더와 피스톤 사이에 유막을 형성하여 압축 및 연소가스가 누설되지 않도록 기밀을 유지하는 작용으로 옳은 것은?

▶ 밀봉작용

013

교류 발전기의 부품이 아닌 것은?

① 다이오드   ② 슬립링

③ 스테이터 코일   ④ 전류 조정기 (×)

해 교류발전기 구성품 `TIP!` : 슬브다로스

(**슬**링립, **브**러시, **다**이오드, **로**터, **스**테이터)

014

기관에 사용되는 여과장치가 아닌 것은?

① 공기청정기   ② 오일 필터

③ 오일 스트레이너   ④ 인젝션 타이머 (×)

해 인젝션타이머는 분사장치

015

감압장치에 대한 설명으로 옳은 것은?

① 화염전파 속도를 빨리해 주는 것

② 연료손실을 감소시키는 것

③ 출력을 증가시키는 것

④ 시동을 도와주는 장치 (○)

해 **TIP!** : 공감히트

공기예열장치, **감**압장치, **히**트레인지는 시동보조장치다.

016

커먼레일 연료분사 장치의 저압부에 속하지 않는 것은?

① 연료펌프 　　　　② 연료스트레이너

③ 1차 연료 공급펌프 　④ 커먼레일 (×)

해 커먼레일은 고압연료를 저장하거나 각인젝터로 분배하는 기능을 하는 장치

017

유압기기를 점검 중 이상 발견 시 조치 사항이다. (　　)안의 내용을 순서대로 나열한 것은?

작동유가 누출되는 상태라면 이음부를 더 조여주거나 부품을 (　　)하는 등 응급조치를 하는 것이 당연하지만 ~고장이 더 확대되지 않도록 유압기기 전체를 (　　)하는 일도 필요하다.

▶ 교환, 재점검

018

분사노즐 테스터기로 측정하는 것으로 맞는 것은?

▶ 분사개시 압력과 후적점검

해 분사노즐 테스터기는 분사개시 압력과 노즐끝에 물방울처럼 맺히는 후적 점검 시 사용

019

중장비 기계 작업 후 점검 사항으로 거리가 먼 것은?

① 파이프나 실린더의 누유를 점검한다.

② 작동시 필요한 소모품의 상태를 점검한다.

③ 겨울철엔 가급적 연료 탱크를 가득 채운다.

④ 다음날 계속 작업하므로 차의 내 외부는 그대로 둔다. (×)

020

스타트 릴레이 설치 목적은?

① 엔진 시동을 용이하게 한다.

② 키 스위치를 보호

③ 기동 전동기로 많은 전류를 보내

④ 충분한 크랭킹 속도 유지

　(축전지 충전을 용이하게 한다. (×))

해 스타트릴레이는 시동과 관련 있고, 축전지 충전과는 관련 없다.

021

긴 내리막 베이퍼록을 방지하기 위한 방법은?

① 엔진 브레이크를 사용한다. (○)

② 클러치를 끊고 브레이크 페달을 밟고 속도를 조절하며 내려간다.

③ 시동을 끄고 브레이크 페달을 밟고 내려간다.

④ 변속 레버를 중립으로 놓고 브레이크 페달을 밟고 내려간다.

022

라디에이터(radiator)를 다운 플로형식(down type)과 크로스 플로형식(cross flow type)으로 구분하는 기준은?

▶ 냉각수가 흐르는 방향에 따라

　(공기가 흐르는 방향에 따라 (×))

해 라디에이터의 냉각수 흐르는 방향에 따라 다운플로와 크로스 플로를 구분한다.

023

기관 오일량이 초기 점검시 보다 증가 하였다면 가장 적합한 원인은?

▶ 냉각수의 유입

024

기관의 동력을 전달하는 계통의 순서를 바르게 나타낸 것은?

▶ 피스톤 ➜ 커넥팅로드 ➜ 크랭크축 ➜ 클러치

025

4행정 사이클 기관의 행정 순서로 맞는 것은?

▶ 흡입 ➜ 압축 ➜ 동력 ➜ 배기

026

건설기계운전 작업 후 탱크에 연료를 가득 채워주는 이유 아닌 것은?

▶ 연료의 압력을 높이기 위해서 (×)

027

축전지 내부의 충·방전 작용으로 가장 알맞은 것은?

▶ 화학 작용

028

축전지의 용량을 나타내는 단위는 무엇인가?

▶ Ah

029

축전지가 충전되지 않는 원인으로 옳은 것은?

▶ 레귤레이터가 고장일 때

해 레귤레이터는 전기를 발생시켜 일정 전압을 유지해주는 장치로 고장 시 축전지 충전이 되지 않는다.

030

속도에너지를 압력에너지로 바꾸는 장치는?

▶ 디퓨저

해 **디퓨저**는 터보차저[과급기]에서 흡입공기의 **속**도에너지를 **압**력에너지로 바꿔준다.

TIP! : 속압디퓨저

031

교류발전기의 특징 중 틀린 것은?

① 다이오드를 사용하기 때문에 정류 특성이 좋다.

② 속도변화에 따른 적용 범위가 넓고 소형, 경량이다.

③ 저속에서도 충전이 가능하다.

④ 정류자를 사용한다. (×)

해 정류자는 직류발전기 부품

032

굴삭기 주행 레버를 한쪽으로 당겨 회전하는 방식 무엇인가?

▶ 피벗턴 (스핀턴 (×))

033

에탁스 경보기(ETACS)에 속하지 않는 것은?
Electronic Time & Alarm Control System

① 뒤 유리 열선 타이머

② 간헐 와이퍼

③ 안전띠 경고 타이머

④ 메모리 시트 (×)

034

회로에서 접촉저항을 제일 적게 받는 곳은?

▶ 배선의 중간 부분

035

엔진이 가동 되었는데도 시동스위치를 계속 ON 위치로 할 때 미치는 영향은?

▶ 시동전동기의 수명이 단축된다. (○)

(~~마멸된다. (×))

036

다음 중 양중기가 아닌 것은?

① 기중기   ② 곤돌라

③ 리프트   ④ 지게차 (×)

해 양중기는 크레인계통의 통칭

037

건설기계에 주로 사용되는 기동전동기는?

▶ 직류직권 전동기

038

퓨즈에 대한 설명으로 틀린 것은?

▶ 퓨즈는 가는 구리선으로 대용된다. (×)

039

가압식 라디에이터의 장점 틀린 것은?

▶ 냉각수의 순환속도가 빠르다. (×)

040

건설기계의 정기점사 유효기간이 1년이 되는 것은 신규등록일로 부터 몇 년 이상 경과 되었을 때 인가?

▶ 20년

041

건설기계조종사 면허가 취소되었을 경우 그 사유가 발생한 날 부터 며칠 이내에 면허증을 반납?

▶ 10일 이내 면허증 반납

042

건설기계조종사의 면허취소 사유에 해당되는 것은?

▶ 고의로 인명피해를 입힌 때

043

지게차의 유압식 조향장치에서 조향실린더의 직선운동을 축의 중심으로 한 회전운동으로 바꾸어줌과 동시에 타이로드에 직선운동을 시켜 주는 것은?

① 벨크랭크 (○)　　② 드래그링크

③ 핑거보드　　　④ 스테빌라이저

044

지게차의 리프트 체인에 주유하는 가장 적합한 오일은?

① 자동변속기 오일　② 작동유

③ 엔진 오일 (○)　　④ 그리스

045

유압장치에서 오일 여과기에 걸러지는 오염물질의 발생 원인에 아닌 것은?

▶ 내부 마찰에 의한 생긴 금속가루 혼입 (×)

046

유압장치에서 일일 점검사항 아닌 것은?

▶ 필터의 오염여부 점검 (×)

047

유압유에 공기 혼입 시 일어날 수 있는 현상이 아닌 것은?

▶ 기화현상 (×)

048

유압유의 온도가 과열되었을 때 나타나는 현상 아닌 것은?

▶ 유압펌프의 효율이 높아진다. (×)

049

중력에 의한 자유낙하 방지 압력제어 밸브는?

▶ 카운터 밸런스 밸브

050

건설기계 등록사항 변경이 있을 때, 소유자는 건설기계등록사항 변경신고서를 누구에게 제출?

▶ 시 · 도지사

051

제동장치에 대한 정기검사를 면제 받으려면 첨부 하여야 할 서류는?

▶ 건설기계 제동장치 정비확인서

052

건설기계 등록 시 전시, 사변 등 국가비상사태 시 며칠 이내 등록?

▶ 5일

053

도로교통법상 교통안전 표지의 구분은?

▶ **주**의표지, **규**제표지, **지**시표지, **보**조표지, **노**면표지

해 교통안전표지 **TIP!** : 지규주보노

054

작업 장치를 갖춘 건설기계의 작업 전 점검사항 아닌 것은?

① 제동장치 및 조종장치 기능의 이상 유무

② 하역장치 및 유압장치 기능의 이상 유무

③ 전조등, 후미등, 방향지시등 및 경보장치의 이상 유무

④ 유압장치의 과열 이상 유무 (×)

055

축압기(어큐뮬레이터)의 기능과 관계가 없는 것은?

① 충격 압력 흡수

② 유압 에너지 축적

③ 유압 펌프의 맥동 흡수

④ 릴리프 밸브 제어 (×)

056

유압유의 압력을 제어하는 밸브가 아닌 것은?

① 릴리프 밸브　　② 시퀀스 밸브

③ 리듀싱 밸브　　④ 체크 밸브 (×)

해 체크밸브는 방향제어밸브다.

방향제어밸브의 종류　TIP! : 방체감스셔

체크밸브, **감**속밸브, **스**풀밸브, **셔**틀밸브

057

유체 에너지를 이용, 기계적인 일을 하는?

▶ 유압 모터

해 **유**체에너지를 **기**계적 에너지로 바꾼다!

　　TIP! : 유 - 기 엑추에이터

　　(**엑추에이터**에는 TIP! : **모실** , **모**터와 **실**린더)

058

국부적으로 높은 압력 발생

소음과 진동 발생하는 현상

▶ 캐비테이션

059

유압장치에 주로 사용하는 펌프형식?

▶ **기**어식, **로**터리식, **베**인식, **플**런저식

TIP! : 기로베플 (분사 펌프 (×))

060

유압회로에서 유량제어를 통하여 작업속도를 조절하는 방식에 속하지 않는 것은?

① 미터인(meter in) 방식

② 미터아웃(meter out) 방식

③ 블리드 오프(bleed off) 방식

④ 블리드 온(bleed on) 방식 (×)

061

다음 그림의 회로 기호의 의미로 맞는 것은?

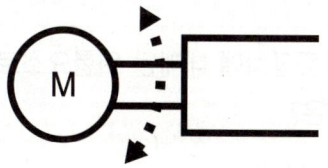

▶ 회전형 전기 액추에이터

062

액추에이터의 운동 속도 조정 밸브는?

▶ 유량제어 밸브

해 운동속도는 유량으로 조절한다.

063

쳌크밸브가 내장되는 밸브로써 유압회로의 한 방향은 설정된 배압 작용 다른 방향은 자유롭게 흐르도록 한 밸브는?

① 셔틀밸브

② 언로드밸브

③ 카운터밸런스밸브 (○)

④ 교축밸브

064

오일펌프의 종류가 아닌 것은?

① **기**어펌프　② **베**인펌프

③ **플**런저펌프　④ 진공펌프 (×)

해 **TIP!** : 기로베플

065

벨트 전동장치에 내제된 위험요소로 의미가 다른 것은?

① 접촉(contact)

② 말림(entanglement)

③ 트랩(trap)

④ 충격(impact) (×)

066

굴착 중 황색보호시트가 나왔다 매설물은?

▶ 전력케이블

067

H빔 공사시 가스관과의 최소 수평거리는?

▶ 30cm

068

건설기계의 안전사항 ○X

✔ 회전부분(기아, 벨트, 체인) 등은 위험하므로 반드시 커버를 씌워둔다. (○)

✔ 발전기, 용접기, 엔진 등 장비는 한곳에 모아서 배치한다. (×)

069

연삭기 위크레이트와 숫돌과의 틈새는?

▶ 3mm

070

편도 4차선 도로에서 4차선은 버스전용 차로다. 이 때 건설기계는?

▶ 3차선으로 운행

071

브레이크 파이프 내 베이퍼록 원인이 아닌 것은?

① 드럼의 과열

② 지나친 브레이크 조작

③ 잔압의 저하

④ 라이닝과 드럼의 간극 과대

해 베이퍼록(Vapor Lock)은 지나친 브레이크 조작으로 브레이크 드럼이 과열되고 브레이크액이 끓어올라 기포가 발생해 잔압이 저하되고 제동력이 급격히 떨어지는 현상이다.

072

유성기어장치의 주요 부품은?

▶ 선기어, 유성기어, 링기어, 유성캐리어

해 유성기어 구성품 **TIP!** : 선유링유

073

도로교통법상 술에 취한 상태의 기준은?

▶ 혈중알코올농도 0.03% 이상

074

시도지사는 등록을 말소 하고자 할 때에는 미리 그 뜻을 건설기계 소유자 및 이해관계자에게 통지하여야 하는데 통지 후 얼마가 경과 후가 아니면 이를 말소할 수 없는가?

▶ 1개월

해 말소 통지하고 한달은 시간준다.

075

건설기계 정기검사신청기간 내에 정기검사를 받은 경우, 다음 정기검사 유효기간의 산정방법으로 옳은 것은?

▶ 종전 검사유효기간 만료일의 다음날부터 기산한다.

076

소유자의 신청이나 시·도지사의 직권으로 건설기계의 등록을 말소할 수 있는 경우는?

✓ 수출, 도난, 차대가 등록시와 다른 경우 (○)

✓ but 건설기계 정기검사에 불합격된 경우 (×)

077

건설기계 조종사 면허를 받지 아니하고 건설기계를 조종한 자에 대한 벌칙 기준은?

▶ 1년 이하의 징역 또는 1천만 원 이하의 벌금

078

구조변경검사를 받지 아니한 자에 대한 처벌은?

▶ 1년 이하의 징역 또는 1천만 원 이하의 벌금

079

건설기계 구조를 변경할 수 있는 범위에 해당되는 것은?

▶ 원동기의 형식 변경

080

유압탱크의 구성품이 아닌 것은?

① 유면계   ② 배플

③ 주입구 캡   ④ 피스톤로드 (×)

해 오일탱크 구성품 TIP! : 플스주면베플

- 드레인**플**러그 : 탱크내 오일 전부 배출
- **스**트레이너 : 흡입구에 설치 불순물 필터
- **주**입구캡 / 유**면**계 : 적정오일량 나타냄
- **베플**플레이트 : 칸막이로 기포 분리제거

081

유압기기에 대한 설명으로 틀린 것은?

① 유압모터 : 무한회전운동 (O)

② 실린더 : 직선운동 (O)

③ 유압펌프 : 오일의 압송 (O)

④ 축압기 : 외부의 오일누출 방지 (×)

해 축압기는 충격 압력 흡수, 유압 에너지 축적, 유압펌프의 맥동 흡수

082

유압모터의 가장 큰 장점은?

▶ 무단변속이 가능하다. (O)

083

유압이 진공에 가까워짐으로서 기포가 생기며 국부적인 고압이나 소음 발생하는 현상은?

▶ 캐비네이션 현상

084

금속간의 마찰을 방지하기 위해 마찰계수를 저하시키기 위한 첨가제는?

▶ 유성 향상제

085

다음 중 재해발생 원인이 아닌 것은?

① 잘못된 작업방법 (O)

② 관리감독 소홀 (O)

③ 방호장치의 기능제거 (O)

④ 작업 장치 회전반경 내 출입금지 (×)

086

안전한 공구 취급 방법으로 적합하지 않은 것은?

▶ 숙달되면 옆 작업자에게 공구를 던져서 전달하여 작업능률을 올린다. (×)

087

공구 및 장비 사용에 대한 설명으로 틀린 것은?

① 공구는 사용 후 공구상자에 넣어 보관한다.

② 볼트와 너트는 가능한 소켓 렌치로 작업한다.

③ 마이크로미터를 보관할 때는 직사광선에 노출시키지 않는다.

④ 토크 렌치는 볼트와 너트를 푸는데 사용한다. (×)

088

안전 관련 틀린 것은?

▶ 안전모에 구멍을 뚫어서 통풍이 잘되게 하여 착용한다. (×)

089

작업장에서 작업복 착용 이유는?

▶ 재해로부터 작업자의 몸을 보호하기 위해서

090

작업장에서 직접사람이 접촉하여 말려들거나 다칠 위험이 있는 장소를 덮어씌우는 방호장치는?

▶ 격리형 방호장치

(접근 거부형 방호장치 (×))

091

산업안전보건에서 안전표지의 종류가 아닌 것은?

① 경고 표지   ② 금지 표지

③ 지시 표지   ④ 위험 표지 (×)

해 안전표지에는 [TIP!] : 안-경금지

(경고, 금지, 지시표지 있다)

092

도시가스가 공급되는 지역에서 지하차도 굴착공사를 하고자 하는 자는 가스안전 영향평가를 작성하여 누구에게 제출하여야 하는가?

▶ 시장, 군수 또는 구청장

093

- 중량물 운반작업 시 적합한 안전화는?

  ▶ 중 작업용

- 도시가스 보호판에 대한 설명 중 잘못된 것은?

  ① 두께가 4mm의 철판이다.

  ② 배관 직상부 30cm 위에 위치해 있다.

  ③ 굴착 시 배관을 보호해주는 판이다.

  ④ 가스 누출을 막아준다. (×)

- 작업장에서 화물운반 시 통행의 우선순위는?

  짐차 - **빈**차 - **사**람 TIP! : 짐빈사

🔲 무거울 重

094

작업 시 보안경 착용에 대한 설명으로 틀린 것은?

① 가스 용접 할 때는 보안경을 착용해야 한다.

② 아크 용접할 때는 보안경을 착용해야 한다.

③ 특수 용접할 때는 보안경을 착용해야 한다.

④ 절단하거나 깎는 작업을 할 때는 보안경을 착용해서는 안 된다. (×)

095

구동 벨트를 점검 할 때 기관의 상태는?

▶ 정지 상태

  [급감속 (×) 공회전 (×) 급가속 상태 (×)]

096

사고를 일으킬 수 있는 직접적인 재해의 원인은?

▶ 불안전한 행동의 원인

  (교육적 원인 (×) 작업관리의 원인 (×) 기술적 원인 (×))

097

안전수칙 지킴 효과로 거리가 가장 먼 것은?

① 기업의 신뢰도를 높여준다. (○)

② 기업의 이직률이 감소된다. (○)

③ 상하 동료 간의 인간관계가 개선된다. (○)

④ 기업의 투자경비가 늘어난다. (×)

098

지게차의 포크 간격은 파렛트 폭의 1/2에서 3/4 정도가 적당

099

작업장에 설치하는 사다리식 통로의 폭은 30cm 이상, 발판과 벽사이 15cm 이상 간격 유지, 길이가 10m 이상 시에는 5미터 이내마다 계단참을 설치한다

▶ 접이식으로 설치한다 (×)

100

지게차의 작업 전 워밍업 운전 - 엔진시동 후 5분간 포크를 공회전, 틸트레버 사용 마스트 2~3회 전후경사운동
리프트레버 사용 마스트 상승 하강 운동으로 실린더 전체 행정 2~3회 실시

기출스피드 문답 암기 300제 Part 2

101

지게차의 체인 장력 조정법으로 옳지 않은 것은?

① 포크를 지상에서 10~15cm올린 후 조정한다.

② 좌우체인이 동시에 평행한가를 확인한다.

③ 손으로 체인을 눌러보아 양쪽이 다르면 조정 너트로 조정

[조정 후 로크너트를 로크 시키지 않는다. (×)]

102

배터리의 완전 충전된 상태의 화학식으로 맞는 것은?

▶ PbO_2(과산화납) + $2H_2SO_4$(묽은황산) + Pb(순납)

(주의 : 물과 황산납은 들어가지 않는다.)

103

기관에서 공기청정기의 설치 목적은?

▶ 공기의 여과와 소음작용

104

굴삭기에서 매 2000시간마다 점검, 정비해야 할 항목으로 맞지 않는 것은?

① 액슬 케이스 오일교환

② 트랜스퍼 케이스 오일교환

③ 작동유 탱크 오일교환

[선회구동 케이스 오일교환 (×)]

해 TIP! : 액트작동 2000

액트작동
2000

105

교류발전기에서 교류를 직류로 바꾸어 주는 것은?

▶ 다이오드

해 TIP! : 교-직 다이오드

106

분사펌프의 플런저와 배럴 사이의 윤활은?

▶ 경유

해 TIP! : 배-플 사이는 경유로 윤활

107

1KW 는 몇 PS 인가?

▶ 1.36PS

108

과급기에 대해 설명한 것 중 틀린 것은?

▶ 과급기를 설치하면 엔진 중량과 출력이 감소된다. (×)

109

기관의 오일압력계 수치가 낮다면 그 원인은?

① 크랭크축 오일 틈새가 크다. (O)

② 크랭크 케이스에 오일이 적다. (O)

③ 오일펌프가 불량하다. (O)

　[오일 릴리프밸브가 막혔다. (×)]

해 릴리프밸브가 막히면 압력계 수치가 올라간다.

110

터보차저에 사용하는 오일 기관오일은?

▶ 엔진오일

해 터보차저[과급기]는 엔진과 일체를 이루므로 엔진오일로 윤활한다.

111

토크컨버터의 3대 구성요소는?

▶ 펌프 터빈 스테이터 [가이드링 (×)]

해 가이드링은 유체클러치 부품이다.(와류감소 역할)

TIP! : 토크컨버터 - 펌터스

112

자동변속기의 과열 원인이 아닌 것은?

① 메인 압력이 높다.

② 과부하 운전을 계속하였다.

③ 변속기 오일쿨러가 막혔다.

④ 오일이 규정량보다 많다. (×)

113

오일을 한쪽 방향으로만 흐르게 하는 밸브는?

① 체크밸브 (O)　　② 릴리프밸브

③ 파일럿밸브　　④ 로터리밸브

114

디젤기관에서 공기유량센서(AFS)의 방식은?

▶ 칼만와류 방식

115

기관의 냉각팬이 회전할 때 공기가 불어가는 방향은?

▶ 방열기 방향

116

축전지 터미널은 요철로 분별 식별 못한다!!

해 부호(+, -)로 식별 / 굵기로 분별 / 문자(P.N)로 분별

117

타이어식 건설기계에서 조향 바퀴의 토인을 조정하는 곳은?

▶ 타이로드

118

전선의 색깔이 청색(bLue)이다. 표시는?

▶ L

119

건설기계 조종 중 재산피해를 입혔을 때 피해금액 50만원 마다 면허효력 정지 기간은?

▶ 1일

120

냉각팬의 벨트 유격이 너무 클 때 일어나는 현상은?

① 기관 과열의 원인이 된다. (○)

② 발전기의 과충전이 발생된다. (×)

③ 강한 텐션으로 벨트가 절단된다. (×)

④ 점화시기가 빨라진다. (×)

121

기관의 맥동적인 회전을 관성력을 이용하여 원활한 회전으로 바꾸어 주는 역할을 하는 것은?

① 플라이휠 (○)   ② 피스톤

③ 크랭크축   ④ 커넥팅로드

122

기관의 냉각장치에 해당되지 않는 부품은?

① 수온조절기   ② 방열기

③ 팬 및 벨트   ④ 릴리프밸브 (×)

해 릴리프밸브는 유압장치

유압장치 구성 - 밸브, 탱크, 펌프 TIP! : 밸탱펌

123

토크컨버터가 구조상 유체클러치와 다른 점은?

▶ 스테이터

해 토크컨버터에는 스테이터가 있고, 유체클러치에는 없다.

124

지게차의 일반적인 조향방식은?

▶ 뒷바퀴 조향방식

해 지게차는 앞바퀴 구동, 뒷바퀴 조향

125

건설기계를 검사유효기간 만료 후에 계속 운행하고자 할 때는 정기검사 받아야!

▶ [계속검사 (×) 수시검사 (×)]

126

예열플러그를 빼서 보았더니 심하게 오염되어 있다. 그 원인은?

▶ 불완전 연소(그을음) 또는 노킹

127

엔진오일에 대한 설명 중 가장 알맞은 것은?

① 겨울보다 여름에는 점도가 높은 오일을 사용한다. (○)

② 엔진오일 순환상태는 오일레벨 게이지로 확인한다. (×)

③ 엔진오일에는 거품이 많이 들어있는 것이 좋다. (×)

④ 엔진을 시동 후 유압경고등이 꺼지면 엔진을 멈추고 점검한다. (×)

해 여름에는 온도가 높아 묽어질 우려가 있으므로 점도가 상대적으로 높은 오일을 쓴다.

128

4차선 고속도로에서 건설기계의 최저 속도는?

▶ 50km

해 건설기계의 최저·최고속도 기준
  • 최저속도는 50km
  • 최고속도 편도 2차로 이상 고속도로 80km
  • 경찰청장 지정고시 90km

129

1종 대형면허로 운전 할 수 없는 것은?

▶ 5톤 미만 지게차

130

지게차(1톤 이상)의 정기 검사는 몇 년인가?

▶ 2년

131

직접분사식 / 예연소실식 / 와류실식 / 공기실식

위 구분은 어떤 구성품을 형태에 따라 구분한 것인가?

▶ 실실실   연소실 (○)

　[연료분사장치 (×)]

132

엔진과 직결되어 같은 회전수로 회전하는 토크컨버터의 구성품은?

▶ 펌프

　[스테이터 (×) 터빈 (×)]

133

서행이란?

▶ 위험을 느끼고 즉시 정지할 수 있는 느린 속도로 운행하는 것

134

주차, 정차 금지 장소는?

① 교차로

② 건널목

③ 횡단보도

　[경사로의 정상부근 (×)]

135

건설기계등록신청은 취득한 날로부터 얼마 이내에 해야하나?

▶ 2월 이내

136

특히 먼지가 많은 지역에 적합한 공기 청정기의 방식은?

▶ 유조식

해 오일 표면에 공기가 충돌해서 1차로 먼지를 분해한 다음 오일표면이 흔들리면 오일방울로 여과망을 적셔 먼지를 달라붙게 하는 방식으로 영구적 사용 가능, 먼지가 많은 지역에 적합

137

기동전동기의 토크가 일어나는 부분은?

▶ 계자코일

138

축전지 충전 방법 중 정저항 충전법 없다!

▶ 정전류 충전법 (○)

정전압 충전법 (○)

단별전류 충전법 (○) 은 있다!

139

지게차 주행 시 주의 사항 ○X

① 짐을 싣고 주행할 때는 절대로 속도를 내서
는 안 된다. (○)

② 노면의 상태에 충분한 주의를 하여야 한다.
(○)

③ 적하 장치에 사람을 태워서는 안 된다. (○)
[포크의 끝을 밖으로 경사지게 한다. (×)]

해 지게차 주행 시 포크를 밖으로 경사지게 하면 지면
에 끌릴 위험이 있다.

140

과태료 처분에 불복 시 며칠 이내에 이의를 제
기하여야 하는가?

▶ 처분의 고지를 받은 날로부터 60일 이내

141

'신개발 시험' 연구 목적 운행을 제외한 건설기
계의 임시 운행기간은 며칠 이내인가?

▶ 15일

142

기계식 변속기가 설치된 건설기계에서 클러
치판의 비틀림 코일스프링의 역할은?

▶ 클러치 작동 시 충격을 흡수한다.

143

등록번호표 제작자는 제작 신청을 받은 날로
부터 며칠 이내에 제작하여야 하는가?

▶ 7일

144

휘발유(액상 or 기체 연료성 화재)로 인한 화
재는?

▶ B급 화재

해 A급 - 일반가연성, B급 - 유류화재, C급 - 전기화재,
D급 - 금속화재, K급 - 주방화재

145

엔진블럭의 찌든 기름때엔 솔벤트로 세척

146

디젤기관의 장점이 아닌 것은?

① 연료 소비율이 낮다.

② 열효율이 높다.

③ 화재의 위험이 적다.

④ 가속성이 좋고 운전이 정숙하다. (×)

147

건설기계관리법상 소형건설기계로 맞는 것은?

① 5톤 미만 로더

② 5톤 미만 굴착기

③ 5톤 미만 지게차

🔲 지게차와 굴착기의 소형건설기계 기준은 3톤 미만이다.

148

유압이 규정치보다 높아질 때 작동, 계통을 보호하는 밸브는?

▶ 릴리프 밸브

149

유압장치에서 기어모터에 대한 설명 중 잘못된 것은?

① 내부누설이 적어 효율이 높다. (×)

② 유압유에 이물질이 혼합되어도 고장 발생이 적다.

③ 일시적으로 스퍼기어를 사용하나 헬리컬기어도 사용한다.

④ 구조가 간단하고 가격이 저렴하다.

150

디젤기관에서 시동이 잘 안 되는 원인은?

연료계통에 공기가 들어있을 때 (○)

- 냉각수의 온도가 높은 것을 사용할 때 (×)

- 보조탱크의 냉각수량이 부족할 때 (×)

- 낮은 점도의 기관오일을 사용할 때 (×)

151

건설기계용 납산 축전지

과방전은 축전지의 충전을 위해 필요하다. (×)

- 사용하지 않는 축전지도 주1회 정도 보충전 (○)

- 필요시 급속 충전 가능 (○)

152

실드빔 형식의 전조등이 밝기가 흐려 야간운전에 어려움이 있을 때 올바른 조치 방법으로 맞는 것은?

① 렌즈를 교환한다.

② 전조등을 교환한다. (O)

③ 반사경을 교환한다.

④ 전구를 교환한다.

153

건설기계에 사용되는 12볼트(V), 80암페어(A) 축전지 2개를 병렬로 연결하면 전압과 전류는 어떻게 변하는가?

▶ 12볼트(V), 160암페어(A)가 된다.

해 **직**렬연결은 전**압**이 **무** 배, **병**렬연결은 전**류**가 **무** 배

TIP! : 압두-직 / 류두-병

154

축전지의 용량만을 크게 하는 방법은?

▶ 병렬연결법

155

타이어식 건설기계의 액슬허브에 오일을 교환 시 오일 배출, 주입할 때의 플러그 위치는?

▶ 배출시킬 때 6시 방향, 주입할 때 9시 방향

156

화물을 적재하고 주행 시 포크와 지면과의 간격은?

▶ 20~30cm

157

타이어식 건설기계의 좌석 안전띠는 속도가 몇 km/h 이상일 때 설치하여야 하는가?

▶ 30km/h

158

기중 작업에서 물체의 무게가 무거울수록 붐 길이와 각도는 어떻게 하는 것이 좋은가?

▶ 붐 길이는 짧게, 각도는 크게

159

디젤기관에서 흡입 행정 시 흡입되는 것은?

▶ 공기 (혼합기 (×))

160

냉각장치에 냉각수가 줄어든다. 원인과 정비 방법 중 설명이 틀린 것은?

① 워터펌프 불량 : 조정 (×)

② 라디에이터 캡 불량 : 부품 교환

③ 히터 혹은 라디에이터 호스 불량 : 수리 및 부품 교환

④ 서머 스타트 하우징 불량 : 개스킷 및 하우징 교체

161

방열기의 캡을 열어 보았더니 냉각수에 기름이 떠 있을 때 그 원인은?

▶ 헤드 개스킷 파손

162

디젤기관을 가동 후 충분한 시간 지났는데도 냉각수 온도가 정상적으로 상승하지 않을 경우 고장의 원인은?

▶ 수온조절기가 열린 채 고장

　(닫히면 과열, 열리면 과냉)

🔲 수온조절기를 냉각수 수도꼭지라 생각하자.

　❖ 과열원인

　　① 냉각팬 벨트의 헐거움

　　② 물 펌프의 고장

　　③ 라디에이터 코어의 막힘

163

기관에서 압축가스가 누설되어 압축 압력이 저하되는 원인에 해당 되는 것은?

▶ 실린더 헤드 개스킷 불량

164

축전지 케이스와 커버를 청소할 때 용액은?

▶ 소다와 물 (소금 (×) 윤활유 (×))

165

피스톤의 형상에 의한 종류 중에 축압부의 스커트 부분을 떼어내 경량화 하여 고속엔진에 많이 사용하는 피스톤은 무엇인가?

▶ 슬리퍼 피스톤

166

유압실린더의 지지방식이 아닌 것은?

① 플랜지형　　　② 푸드형

③ 트러니언형　　④ 유니언형 (×)

167

유압계통에서 오일누설 점검사항이 아닌 것은?

① 볼트의 이완　　② 실의 마모

③ 실의 파손　　　④ 오일의 윤활성 (×)

168

유압장치에서 내구성이 강하고 작동, 움직임이 있는 곳에 사용하기 적합한 호스는 무엇인가?

▶ 플렉시블 호스

169

엑추에이터의 입구 쪽 관로에 설치한 유량제어 밸브로 흐름을 제어, 속도를 제어하는 회로는?

① 미터 인 회로 (○)   ② 블리드 오프 회로

③ 시스템 회로   ④ 미터 아웃 회로

170

15km 미만 건설기계가 갖추지 않아도 되는 조명은?

▶ 번호등

171

주정차금지장소로 틀린 것은?

▶ 고갯마루 정상부근은 주정차 금지장소 아님

172

건설기계 구조변경 범위에 포함되지 않는 사항은?

① 원동기 형식변경

② 제동장치의 형식변경

③ 조종장치의 형식변경

④ 충전장치의 형식변경 (×)

173

교차로에서 차마의 정지선으로 옳은 것은?

① 백색 실선 (○)   ② 백색 점선

③ 황색 실선   ④ 황색 점선

174

건설기계 형식 신고서 첨부 사항이 아닌 것은?

① 외관도

② 교통안전 발행 시험 성적서

③ 제원도

④ 건설기계 운전면허증 (×)

175

유압기기는 작은 힘으로 큰 힘을 얻는 장치이다. 어느 원리를 이용한 것인가?

▶ 파스칼의 원리

🔵 파스칼의 원리는 유체로 채워진 밀폐된 용기안의 어느 한 부분에 가해진 압력은 유체의 각 부분에 동시에 동일하게 작용한다는 원리로 유압장치에 널리 활용되고 있다.

176

호이스트형 유압호스 연결부에 가장 많이 사용하는 것은?

① 유니온 조인트 (O)　② 니플 조인트 (×)

③ 소켓 조인트 (×)　　④ 엘보 조인트 (×)

177

전기 화재 시 적절하지 못한 소화 장비는?

▶ 물

🔵 전기화재 시 절대 물을 뿌려서는 안된다.
　(CO2소화기, 모래, 분말소화기는 사용가능)

178

유압 모터와 유압 실린더의 설명은?

▶ 모터는 회전운동, 실린더는 직선운동을 한다.

179

압력제어밸브가 아닌 것은?

① 릴리프밸브

② 언로드밸브 (무부하밸브)

③ 시퀀스밸브

④ 교축밸브 (×)

🔵 **압**력제어밸브종류　TIP! : 압카릴리무시
　카운터밸런스밸브, **릴**리프밸브, **리**듀싱(감압)밸브, **무**부하(언로드)밸브, **시**퀀스밸브)

180

유압실린더 피스톤에 많이 사용되는 링은?

▶ O링형

181

장갑을 착용 시 작업을 해서 안 되는 작업은?

① 해머작업 (×)　　② 청소작업

③ 차량정비시　　　④ 용접작업

182

가스배관과 수평거리 몇 cm 이내에서는 파일 박기를 할 수 없도록 규정되어 있는가?

① 30　　　　　　② 60

③ 100　　　　　 ④ 120

🔵 가스배관과 수평거리 30cm 이내에서는 파일 박기를 할 수 없도록 도시가스 사업법에 규정되어 있다.

183

연삭기의 안전한 사용방법이 아닌 것은?

① 숫돌 측면 사용 제한

② 보안경과 방진마스크 착용

③ 숫돌 덮개 설치 후 작업

④ 숫돌 받침대 간격 가능한 넓게 유지 (×)

   (3mm정도로 유지한다)

184

라디에이터 캡의 압력스프링 장력이 약화되었을 때 나타나는 현상은?

▶ 기관 과열 [기관 과냉 (×)]

185

엔진오일의 소비량이 많아지는 직접적 원인은?

▶ 피스톤링과 실린더의 간극 과대

186

기관의 압축압력 측정 시 건식시험을 먼저하고 습식시험을 나중에 한다.

해 연료를 차단하고 건식으로 압축압력을 먼저 측정하고 문제가 발견되면 실린더에 엔진오일을 넣고 습식으로 다시 측정해서 실린더벽이나 피스톤링 마모 또는 헤드게스킷 손상 등을 예측할 수 있다.

187

TPS(스로틀 포지션 센서)는 운전자가 가속페달을 얼마나 밟았는지 감지하여 컴퓨터가 연료분사시간을 늘려주는 가변 저항식 센서

▶ 분사시기를 결정해주는 센서 아니다!

188

TPS(스로틀 포지션 센서)에 대한 설명으로 틀린 것은?

① 가변 저항식이다.

② 운전자가 가속페달을 얼마나 밟았는지 감지

③ 급가속 감지하면 컴퓨터가 연료분사시간을 늘려 실행

④ 분사시기를 결정해 주는 가장 중요한 센서이다. (×)

189

가솔린엔진에 비해 디젤엔진의 장점으로 볼 수 없는 것은?

① 열효율이 높다.

② 흡기행정 시 펌핑 손실을 줄일 수 있다.

③ 유해 배기가스 배출량이 적다.

④ 압축압력, 폭발압력이 크기 때문에 마력 당 중량이 크다. (×)

190

건식 공기 청정기는
여과망을 세척하여 사용할 수 없다!

191

디젤기관과 관련 없는 것은?

▶ 점화

🖩 착화, 예열플러그, 세탄가는 디젤기관과 관련이 있
고, 점화는 가솔린기관과 관련이 있다.

192

에어컨 구성품 중 고압의 기체 냉매를 냉각시
켜 액화시키는 것은?

▶ 응축기

193

클러치의 용량은 기관 회전력의 1.5 ~ 2.5 배

194

히트 싱크는 다이오드의 냉각장치

195

충전된 축전지를 방치 시 자기방전(self-discharge) 되는 원인들!

① 배터리 케이스 표면의 전기누설

② 이탈된 작용물질이 극판 아래 부분에 퇴적

③ 배터리 구조 상 부득이하다.

④ 전해액 중 불순물 혼입

⑤ 전해액 온도 상승, 비중 상승

196

기동 전동기 솔레노이드 작동 시험이 아닌 것
은?

① 홀드인 시험

② 풀인 시험

③ 솔레노이드 복원력 시험

④ 전기자 전류 시험 (×)

🖩 **암기** TIP!

솔레노이드 작동은 잡고(홀드인 hold-in), 당겨보
는(pull-in), 복원력 시험으로 도통여부를 확인한
다.

197

안전보건표지의 안내표지의 바탕색은
녹색이다. 백색 (×)

198

수냉식 오일쿨러는

① 적정 유온 유지를 위한 장치이다. (○)

② 소형이며, 냉각 능력이 크다. (○)

③ 고장 시 오일에 물이 혼입될 우려가 있다. (○)

　(But 냉각수 온도 이하 냉각에 용이하다. (×))

해 오일의 온도가 높으면 냉각수로 냉각시키는데, 오일을 냉각수 온도 이하로 냉각시킬 수는 없다.

199

안전사고의 발생빈도를 나타내는 지표로 연근로 시간 100만 시간당 발생 사고 건수를 도수율이라 한다.

200

리프트 실린더 작동회로에서 플로우 프로텍터(flow protecter)의 역할은 컨트롤 밸브와 리프트 실린더 사이에서 배관파손 시 적재물의 급격한 추락 방지

▶ 플로우 프로텍터를 벨로시티 퓨즈라고도 부른다.

기출스피드 문답 암기 300제 Part 3

201

디젤엔진에 사용되는 과급기의 주된 역할은?

▶ 출력의 증대

202

기관에서 윤활유 사용목적으로 틀린 것은?

① 발화성을 좋게 한다. (×)

② 마찰을 적게 한다.

③ 냉각작용을 한다.

④ 실린더 내의 밀봉작용을 한다.

203

기관에서 밸브의 개폐를 돕는 것은?

▶ 로커암

204

라디에이터 캡을 열었을 때 냉각수에 오일이 섞여있는 경우는 원인은?

① 실린더 블록이 과열되었다.

② 수냉식 오일 쿨러가 파손되었다. (○)

③ 기관의 윤활유의 너무 많이 주입되었다.

④ 라디에이터가 불량하다.

205

일반적으로 디젤기관의 점화(착화) 방법은?

▶ 압축 착화

[전기착화 (×) 마그넷 점화 (×)]

206

디젤기관에서 연료의 착화성을 표시하는 것은?

▶ 세탄가

207

기관의 밸브 오버랩을 두는 이유로 맞는 것은?

▶ 흡입 효율 증대를 위해

208

디젤엔진의 연소실에는 연료가 어떤 상태로 공급되는가?

▶ 노즐로 연료를 안개와 같이 분사한다.

해 노즐을 통해 안개처럼 무화(霧化)하여 분사한다.

209

기관의 예방 정비 시에 운전자가 해야 할 정비와 관계가 먼 것은?

① 딜리버리 밸브 교환 (×)

② 냉각수 보충

③ 연료 여과기의 엘리먼트 점검

④ 연료 파이프의 풀림 상태 조임

해 밸브류의 교환은 운전자의 예방정비 항목으로 부적당하다.

210

세미실드빔 형식의 전조등을 사용하는 건설기계장비에서 전조등이 점등되지 않을 때 가장 올바른 조치 방법은?

① 렌즈를 교환한다.

② 전조등을 교환한다.

③ 반사경을 교환한다.

④ 전구를 교환한다. (○)

해 세미실드빔식[반밀폐식] 전조등은 렌즈와 반사경은 일체로 되어있지만 전구는 별도로 교체가능
실드빔식은 일체형으로 전구만 교체 불가

211

납산축전지의 작용

✔ 양극판은 과산화납,

✔ 음극판은 해면상납을 사용하며

TIP! : 양과음해

✔ 전해액은 묽은 황산을 이용한다. (○)

212

납산축전지를 오랫동안 방전상태로 두면 사용하지 못하게 되는 원인은?

▶ 극판이 영구 황산납이 되기 때문이다.

213

교류발전기에서 전류가 발생 되는 것은?

▶ 스테이터

214

무한 궤도식 장비에서 프론트 아이들러의 작용에 대한 설명으로 가장 적당한 것은?

▶ 트랙의 진로를 조정하면서 주행방향으로 트랙 유도

해 프론트 아이들러의 작용은 트랙 장력조정과 방향유도

TIP! : 아이들러 장방~장방~

215

굴착기의 기본 작업 사이클 과정으로 맞는 것은?

▶ 굴착 → 붐상승 → 스윙(선회) → 적재 → 스윙(선회) → 굴착

해 TIP! : 굴선적선

216

장비의 운행 중 변속 레버가 빠질 수 있는 원인에 해당 되는 것은?

▶ 기어가 충분히 물리지 않을 때

217

클러치 라이닝의 구비조건으로 틀린 것은?

▶ 내마멸성, 내열성이 적을 것 (×)

218

타이어식 건설기계 정비에서 토인에 대한 설명으로 틀린 것은?

① 토인은 반드시 직진 상태에서 측정해야 한다.

② 토인은 직진성을 좋게 하고 조향을 가볍도록 한다.

③ 토인은 좌·우 앞바퀴의 간격이 앞보다 뒤가 좁은 것이다. (×)

④ 토인 조정이 잘못되었을 때 타이어가 편 마모 된다.

해 토인은 앞이 뒤보다 좁은 것이다.

219

로더장비로 작업할 수 있는 가장 적합한 것은?

① 백호 작업

② 스노 플로우 작업

③ 훅 작업

④ 트럭과 호퍼에 토사 적재 작업 (○)

220

지게차의 조종 레버의 설명으로 틀린 것은?

① 로어링(lowering)

② 덤핑(dumping) (×)

③ 리프팅(lifting)

④ 틸팅(tilting)

221

휠형과 비교한 무한 궤도형 불도저의 장점 설명으로 틀린 것은?

① 이동성이 우수하다. (×)

② 견인력이 우수하다.

③ 습지 통과가 우수하다.

④ 물이 있어도 작업이 용이하다.

222

덤프트럭이 건설기계 검사소 검사가 아닌 **출장검사를 받을 수 있는 경우**는?

- ✔ 도서지역에 있을 때
- ✔ 자체중량 40톤 이상, 폭(너비) 3m 이상
- ✔ 최고속도 35km 미만인 건설기계

223

건설기계조종사면허의 **취소·정지 사유가 아닌 것**은?

① 등록번호표 식별이 곤란한 건설기계를 조종한 때 (×)
② 심신 장애자
③ 고의 또는 과실로 건설기계에 중대한 사고를 발생케 한 때
④ 부정한 방법으로 조종사 면허를 받은 때

224

법규상 주차금지 장소로 **틀린 것**은?

① 소방용 기계기구가 설치된 곳으로부터 15m 이내 (×)
② 소방용 방화 물통으로부터 5m 이내
③ 다리 위
④ 터널 안

해 **소방용 시설은 5m 이내 주차금지**

225

앞지르기를 할 수 없는 경우에 해당 되는 것은?

① 앞차의 좌측에 다른 차가 나란히 진행하고 있을 때 (○)
② 앞차가 우측으로 진로를 변경하고 있을 때
③ 앞차가 그 앞차와의 안전거리를 확보하고 있을 때
④ 앞차가 양보 신호를 할 때

226

일시정지 안전 표지판이 설치된 횡단보도에서 **위반되는 것**은?

▶ 보행자가 보이지 않아 그대로 통과하였다.

227

야간에 차가 서로 마주보고 진행하는 경우의 등화조작 중 맞는 것은?

① 전조등, 보호등, 실내조명등을 조작한다.
② 전조등을 켜고 보조등을 끈다.
③ 전조등 변화빔을 하향으로 한다. (○)
④ 전조등을 상향으로 한다.

228

건설기계 범위 중 틀린 것은?

① 이동식으로 20kW의 원동기를 가진 쇄석기

② 혼합장치를 가진 자주식인 콘크리트믹서 트럭

③ 정지장치를 가진 자주식인 모터그레이더

④ 적재용량 5톤의 덤프트럭 (×)

🔳 덤프트럭의 건설기계 기준은 12톤 이상

229

등록사항의 변경 또는 등록이전신고 대상이 아닌 것은?

① 건설기계의 소재지 변동 (×)

② 소유자의 주소지 변경

③ 소유자 변경

④ 건설기계의 사용본거지 변경

230

다음 중 건설기계사업의 아닌 것은?

① 건설기계대여업

② 건설기계수출업 (×)

③ 건설기계폐기업

④ 건설기계정비업

231

유압유가 과열되는 원인과 가장 거리가 먼 것은?

① 릴리프 밸브(Relief Valve)가 닫힌 상태로 고장일 때

② 오일 냉각기의 냉각핀이 오손 되었을 때

③ 유압유가 부족할 때

④ 유압유량이 규정보다 많을 때 (×)

232

회로 내 유체의 흐르는 방향을 조절하는데 쓰이는 밸브는?

▶ 방향제어밸브

233

유압회로의 압력을 점검하는 위치로 가장 적합한 것은?

① 실린더에서 직접 점검

② 유압펌프에서 컨트롤밸브 사이 (○)

③ 실린더에서 유압오일탱크 사이

④ 유압오일탱크에서 직접 점검

🔳 TIP! : 펌컨사이다!

234

유압펌프가 작동 중 소음이 발생할 때의 원인
으로 틀린 것은?

① 릴리프 밸브 출구에서 오일이 배출되고 있다.
(×)

② 스트레이너가 막혀 흡입용량이 너무 작아졌
다.

③ 펌프흡입관 접합부로부터 공기가 유입된
다.

④ 펌프 축의 편심 오차가 크다.

235

대기압상태에서 측정한 압력계의 압력은?

▶ 게이지압력

236

유압모터의 단점에 해당 되지 않는 것은?

① 작동유에 먼지나 공기가 침입하지 않도록
보수에 주의

② 작동유가 누출되면 작업 성능에 지장

③ 작동유 점도변화에 의해 유압모터 사용에 제
약

④ 릴리프 밸브를 부착하여 속도나 방향을 제
어가 곤란하다. (×)

237

유압 계통에서 릴리프밸브 스프링의 장력이
약화될 때 현상은?

① 채터링 현상 (○)   ② 노킹 현상

③ 블로바이 현상   ④ 트램핑 현상

해 채터링 현상은 유압계통의 물리적 떨림으로 발생
하는 재잘재잘거리는 소음현상이다.

238

유압 건설기계의 고압 호스가 자주 파열되는
원인은?

① 유압펌프의 고속 회전

② 오일의 점도저하

③ 릴리프 밸브의 설정 압력 불량 (○)

④ 유압모터의 고속 회전

239

유압장치의 금속가루 또는 불순물을 제거위
해 맞게 짝지어진 것은?

① 여과기와 어큐뮬레이터

② 스크레이퍼와 필터

③ 필터와 스트레이너 (○)

④ 어큐뮬레이터와 스트레이너

240

재해의 복합 발생 요인이 아닌 것은?

① **시**설의 결함　　② **사**람의 결함

③ **환**경의 결함　　④ 품질의 결함 (×)

해　TIP! : 시사환

241

작업장에 대한 안전 관리상 설명으로 틀린 것은?

① 항상 청결하게 유지한다.

② 작업대 사이, 또는 기계 사이의 통로는 안전을 위한 일정한 너비가 필요하다.

③ 공장바닥은 폐유를 뿌려 먼지 등이 일어나지 않도록 한다. (×)

④ 전원 콘센트 및 스위치 등에 물을 뿌리지 않는다.

242

유압펌프를 통해 송출된 에너지를 직선운동이나 회전운동을 통하여 기계적 일을 하는 기기를 무엇이라고 하는가?

▶ 액추에이터(작업장치)

해　**유**압에너지를 이용 **기**계적인 일을 하는 장치는 **엑**

추에이터　TIP! : 유기 엑추에이터

243

소화 작업이 적합하지 않은 것은?

▶ 카바이드 및 유류에는 물을 뿌린다. (×)

해　카바이드[탄화칼슘]는 물을 뿌리면 폭발을 일으키며, 유류화재 역시 물로는 진화가 어렵다.

244

스패너 또는 렌치 작업이 주의할 사항이다. 맞지 않는 것은?

① 해머 필요시 대용으로 사용할 것 (×)

② 너트와 꼭 맞게 사용할 것

③ 조금씩 돌릴 것

④ 몸 앞으로 잡아당길 것

245

반드시 보호 안경을 기고 작업해야 할 때와 가장 거리가 먼 것은?

① 차체에서 변속기를 뗄 때

② 산소용접을 할 때

③ 그라인더를 사용할 때

④ 정밀한 조종 작업을 할 때 (×)

246

크레인 인양 작업 시 줄걸이 안전사항으로 틀린 것은?

▶ 권상 작업이 지면에 있는 보조자는 와이어 로프를 손으로 꼭 잡아 하물이 흔들리지 않게 하여야 한다. (×)

247

벨트 취급에 대한 안전사항 중 틀린 것은?

① 벨트 교환 시 회전을 완전히 멈춘 상태에서 한다.

② 벨트의 회전을 정지시킬 때 손으로 잡는다. (×)

③ 벨트에는 적당한 장력을 유지하도록 한다.

④ 고무벨트에는 기름이 묻지 않도록 한다.

248

도시가스 배관 주위 굴착장비 등으로 작업할 때 준수 사항

▶ 가스배관 좌우 1m 이내에서는 장비작업을 금하고 인력으로 작업해야 한다.

249

작업 중 엔진온도가 급상승 하였을 때 먼저 점검 하여야 할 것은?

① 윤활유 점도지수 점검

② 고부하 작업

③ 장기간 작업

④ 냉각수의 양 점검 (○)

250

기관이 과열되는 원인이 아닌 것은?

① 물재킷 내의 물 때 형성

② 펜밸트의 장력 과다 (×)

③ 냉각수 부족

④ 무리한 부하 운전

251

디젤기관에서 압축압력이 저하되는 가장 큰 원인은?

① 냉각수 부족

② 엔진오일 과다

③ 기어오일의 열화

④ 피스톤 링의 마모 (○)

252

압력식 라디에이터 캡에 대한 설명으로 옳은 것은?

① 냉각장치 내부압력이 규정보다 낮을 때 공기밸브는 열린다.

② 냉각장치 내부압력이 규정보다 높을 때 진공밸브는 열린다.

③ 냉각장치 내부압력이 부압이 되면 진공밸브는 열린다. (O)

④ 냉각장치 내부압력이 부압이 되면 공기밸브는 열린다.

253

디젤기관 연료장치의 분사펌프에서 프라이밍 펌프는 어느 때 사용 되는가?

① 출력을 증가시키고자 할 때

② 연료계통에 공기를 배출할 때 (O)

③ 연료의 양을 가감할 때

④ 연료의 분사압력을 측정할 때

254

열에너지를 기계적 에너지로 변환 시켜 주는 장치는?

① 펌프   ② 모터

③ 엔진 (O)   ④ 밸브

255

디젤기관에서 발생하는 진동 원인이 아닌 것은?

① 프로펠러 샤프트의 불균형 (×)

② 분사시기의 불균형

③ 분사량의 불균형

④ 분사압력의 불균형

256

엔진오일량 점검에서 오일게이지에 상한선 (full) 과 하한선(low) 표시가 되어있을 때

▶ 로우 풀 표시 사이에서 풀 표시에 가까이 있으면 좋다.

257

디젤기관에서 연료가 정상적으로 공급되지 않아 시동이 꺼지는 현상이 발생 되었다. 그 원인으로 적합하지 않은 것은?

① 연료파이프 손상

② 프라이밍 펌프 고장 (×)

③ 연료 필터 막힘

④ 연료탱크 내 오물 과다

258

운전 중 갑자기 계기판에 충전 경고등이 점등 되었다. 그 현상으로 맞는 것은?

▶ 충전이 되지 않고 있음을 나타낸다.

259

전류의 자기작용을 응용한 것은?

▶ 발전기

[전구 (×) 축전지 (×) 예열 플러그 (×)]

260

AC발전기에서 다이오드의 역할로 가장 적합한 것은?

① 교류를 정류하고 역류를 방지한다. (○)

② 전압을 조정한다.

③ 여자 전류를 조정하고 역류를 방지한다.

④ 전류를 조정한다.

261

축전지가 충전되지 않는 원인으로 가장 옳은 것은?

① 레귤레이터가 고장일 때 (○)

② 발전기의 용량이 클 때

③ 펜벨트 장력이 셀 때

④ 전해액의 온도가 낮을 때

262

건설기계에서 시동전동기가 회전이 안 될 경우 점검 사항이 아닌 것은?

① 축전지의 방전여부

② 배터리 단자의 접촉 여부

③ 배선의 단선 여부

④ 펜밸트의 이완 여부 (×)

263

지게차를 운전하여 화물 운반 시 주의사항으로 적합하지 않은 것은?

① 노면이 좋지 않을 때는 저속으로 운행한다.

② 경사지를 운전시 화물을 위쪽으로 한다.

③ 화물운반 거리는 5m 이내로 한다. (×)

④ 노면에서 약 20~30cm상승 후 이동한다.

264

수동식 변속기 건설기계를 운행 중 급가속 시켰더니 기관의 회전은 상승 하는데 차속이 증속되지 않았다. 그 원인은?

① 클러치 디스크 과대 마모 (○)

② 릴리스 포크의 마모

③ 클러치 페달의 유격 과대

④ 클러치 파일럿 베어링의 파손

265

무한궤도식 리코일 스프링을 이중스프링으로 사용하는 이유는?

▶ 서징 현상을 줄이기 위해

🅗 무한궤도식 트랙 앞쪽으로부터의 충격완화를 위한 장치가 리코일 스프링이며, 서징 현상은 유압모터 압력이 주기적 변함에 따라 진동과 소음이 발생하는 현상으로 리코일 스프링을 이중으로 사용하여 서징현상을 줄인다.

266

파워스티어링에서 핸들이 매우 무거워 조작하기 힘든 상태다! 원인으로 맞는 것은?

▶ 조향 펌프에 오일이 부족하다.

267

크롤러 타입 유압식 굴착기의 주행 동력으로 이용되는 것은?

▶ 유압모터

268

로더를 활용하여 작업할 수 있는 것과 가장 거리가 먼 것은?

① 송토작업

② 지면 고르기 작업

③ 트럭에 모래 상차 작업

④ 벌개작업 (×)

🅗 벌개작업은 나무가 무성한 지역에 도로를 처음 만들거나 재근작업 등을 하는 것으로 로더보다는 불도저가 적합하다.

269

기중기에 사용되는 로프의 안전계수를 구하는 식은?

① 로프의 파단하중/로프의 최대사용 하중 (○)

② 로프의 파단하중/로프의 최저사용하중

③ 로프의 최대하중/로프의 파단하중

④ 로프의 최저사용하중/로프의 파단하중

270

건설기계정비업의 등록 구분이 맞는 것은?

▶ 전문건설기계정비업, 부분건설기계정비업, 종합건설기계정비업

🅗 TIP! : 이게 전부종~~

271

정기검사유효기간이 3년인 건설기계는?

▶ 무한궤도식 굴착기 3년

　[타이어식 굴착기는 1년]

272

고의로 경상 1명의 인명피해를 입힌 건설기계 조종사에 대한 면허의 취소, 정지처분 기준은?

▶ 면허취소

해 고의로 인명피해를 입혔을 경우 사상자 수에 관계 없이 면허취소

273

건설기계의 임시운행 사유에 해당하는 것은 ?

① 등록신청을 위하여 건설기계를 등록지로 운행할 때 (○)

② 정기검사를 받기 위하여 건설기계를 검사 장소로 운행할 때

③ 작업을 위하여 건설현장에서 건설기계를 검사장소로 운행할 때

④ 등록말소를 위하여 건설기계를 폐기장으로 운행할 때

해 임시운행은 등록없이 운행할 경우 사전에 허가받 는 것이므로 ②③④는 해당 (×)

274

도로의 중앙선이 황색 실선과 황색 점선인 복선일 때는

▶ 점선 쪽에서만 중앙선을 넘어서 앞지르기 를 할 수 있다.

275

신호등이 없는 교차로에 좌회전 하려는 버스와 교차로에 진입하여 직진하고 있는 건설기계 중 어느 차가 우선권이 있는가?

① 건설기계 (○)

② 형편에 따라서 우선순위가 정해짐

③ 사람이 많이 탄 차가 우선

④ 좌회전 차가 우선

276

보도와 차도의 구분이 없는 도로에서 이동이 있는 곳을 통행할 때 운전자가 취할 조치는?

▶ 서행 또는 일시 정지하여 안전 확인 후 진행한다.

　(반드시 일시 정지한다. (×))

277

배관을 시가지의 도로 노면 밑에 매설하는 경우에는 노면으로부터 배관의 외면까지 몇 m 이상 매설 깊이나 설치 간격을 유지하여야 하는가?

▶ 1.5m 이상

278

밀폐된 용기 내의 액체 일부에 가해진 압력은 어떻게 전달되는가?

▶ 유체 각 부분에 동시에 같은 크기로 전달된다.

🔵해 **파스칼의 법칙**

279

유압장치에서 피스톤 로드에 있는 먼지 또는 오염 물질 등이 실린더 내로 혼입되는 것을 방지하는 것은?

▶ 더스트 실

280

유압장치에서 작동체의 속도를 바꿔주는 밸브는?

▶ 유량제어 밸브

[압력제어 밸브 (×) 방향제어밸브 (×)]

🔵해 **유**량제어밸브의 종류 TIP! : **유스압온니분**

소로틀밸브, **압**력보상밸브, **온**도압력보상밸브,
니들밸브, **분**류밸브

281

유압 모터의 특징으로 맞는 것은?

① 가변체인구동으로 유향 조정을 한다.

② 오일의 누출이 많다.

③ 밸브오버랩으로 회전력을 얻는다.

④ 무단 변속이 용이하다. (〇)

282

기어펌프에 대한 설명으로 맞는 것은?

① 가변용량 펌프이다.

② 정용량 펌프이다. (〇)

③ 비정용량 펌프이다.

④ 날개깃에 의해 펌핑작용을 한다.

283

유압장치의 구성 요소가 아닌 것은?

① 유니버셜 조인트 (×) ② 오일탱크

③ 펌프 ④ 제어밸브

🔵해 유니버셜 조인트는 동력전달장치의 엑슬축과 관련된 부품이다.

유압장치는 TIP! : **밸탱펌** [밸브, 탱크, 펌프]

284

오일탱크 내의 오일을 전부 배출시킬 때 사용하는 것은?

▶ 드레인 플러그

🔵해 drain 빼내다. 배출하다.

285

아세틸렌가스 용접의 단점 설명으로 옳은 것은?

▶ 불꽃의 온도와 열효율이 낮다.

286

가스장치의 누출 여부 및 위치 확인 방법?

▶ 비눗물 사용

287

사고로 인한 재해가 가장 많이 발생할 수 있는 것은?

▶ 벨트, 풀리

288

유류 화재 시 물을 부으면 끄려고 하면 안된다!

289

현장에서 작업자가 작업 안전상 꼭 알아두어야 할 사항은?

▶ 안전 규칙 및 수칙

290

액추에이터를 순서에 맞추어 작동시키는 밸브는?

① 메이크업 밸브　　② 리듀싱 밸브

③ 시퀀스 밸브 (○)　　④ 언로드 밸브

291

유압 작동유의 점도가 너무 높을 때 발생 되는 현상은?

① 동력손실 증가 (○)

② 내부 누설 증가 (×)

③ 펌프효율 증가 (×)

④ 마찰 마모 감소 (×)

292

안전장치 선정 시의 고려사항에 해당되지 않는 것은?

▶ 안전장치 기능 제거를 용이하게 할 것 (×)

해 안전장치는 그 기능을 쉽게 제거할 수 없도록 해야한다.

293

스패너 사용 시 올바른 것은?

▶ 너트에 스패너를 깊이 물리고 조금씩 앞으로 당기는 식으로 풀고 조인다.

294

전선로 부근 건설기계 작업 시 안전한 작업을 위하여 사전에 연락하여야 할 곳은?

① 인근 경찰서

② 인근 설비관련 소유자 또는 관리자 (○)

③ 시,군,구청

④ 인근 법원

295

인체에 전류가 흐를 시 위험 정도의 결정요인 중 가장 거리가 먼 것은?

① 사람의 성별 (×)

② 인체에 흐른 전류크기

③ 인체에 전류가 흐른 시간

④ 전류가 인체에 통과한 경로

296

해머작업의 안전 수칙으로 틀린 것은?

① 해머를 사용할 때 자루 부분을 확인할 것 (○)

② 장갑을 끼고 해머 작업을 하지 말 것 (○)

③ 공동으로 해머 작업시는 호흡을 맞출 것 (○)

④ 열처리 된 장비의 부품은 강하므로 힘껏 때릴 것 (×)

297

도로 굴착자가 굴착공사 전에 이행 사항으로 옳지 않은 것은?

① 도면에 표시된 가스배관과 기타 저장물 매설 유무 조사

② 조사된 자료로 시험굴착위치 및 굴착개소 등을 정하여 가스배관 매설위치를 확인하여야 한다.

③ 위치 표시용 페인트와 표지판 및 황색 깃발 등을 준비

④ 굴착 용역 회사의 안전관리자와 일정에 따라 시험 굴착 계획을 수립하여야 한다. (×)

298

기관의 연소실에서 발생하는 스퀴시(Squish)는 압축행정 말기에 발생한 와류 현상

▶ 디젤엔진 연소과정에서 일어나는 소용돌이인 와류(vortex)는 총 3가지가 있다.
흡입행정 시 스월(swirl), 압축행정 시 스퀴시(squish), 피스톤 하강 시(흡입, 폭발행정) 텀블(tumble)

299

커먼레일 디젤기관의 공기유량센서(AFS)는 열막사용, EGR피드백제어, 스모그 제한 부스터 압력 제어를 한다. (but 연료량제어 기능 없다!)

▶ AFS는 흡기흐름 감지 센서로 흡기로 들어가는 공기량을 측정하고 온도 센서를 이용하여 흡입공기의 온도 변화를 정밀하게 측정, EGR피드백제어는 배기 가스의 재순환 제어를 말한다. (Exhaust Gas Recirculation) 하지만 AFS에 연료량 제어 기능은 없다.

300

지게차가 다른 자동차와 다르게 현가장치(서스펜션)가 없는 이유는 좌우 롤링 시 화물이 떨어질 위험이 있기 때문

▶ 현가장치는 노면의 요철 통과나 급제동 시 차체의 상하 좌우 움직임을 허용해서 충격 완화 역할

교육컨텐츠 기업 (주) 엔제이인사이트
파이팅혼공TV 컨텐츠 개발팀

| 저서

- 파이팅혼공TV 조경기능사 필기 초단기합격
- 파이팅혼공TV 산림기능사 필기 초단기합격
- 파이팅혼공TV 지게차 운전기능사 필기 한방에 정리
- 파이팅혼공TV 굴착기 운전기능사 필기 한방에 정리
- 파이팅혼공TV 한식조리기능사 필기 한방에 정리

2026 파이팅혼공TV 유튜브 무료강의 제공되는
지게차운전기능사 필기

발행일	2025년 9월 30일
발행처	인성재단(지식오름)
발행인	조순자
편저자	교육컨텐츠 기업 (주) 엔제이인사이트 · 파이팅혼공TV 컨텐츠 개발팀
ISBN	979 - 11 - 7491 - 016 - 5
정가	13,900원